새로운 뇌 사용법 ———— 너를 유혹하는 뇌

니콜라 게갱 지음
하정희 옮김

북스힐

새로운 뇌 사용법
너를 유혹하는 뇌

초판 인쇄 | 2021년 4월 20일
초판 발행 | 2021년 4월 25일

지은이 | 니콜라 게갱
옮긴이 | 하정희
펴낸이 | 조승식
펴낸곳 | (주)도서출판 북스힐
등록 | 1998년 7월 28일 제22-457호
주소 | 01043 서울시 강북구 한천로 153길 17
전화 | 02-994-0071
팩스 | 02-994-0073
홈페이지 | www.bookshill.com
이메일 | bookshill@bookshill.com

책임편집 | 이현미
디자인 | 신성기획
마케팅 | 김동준·변재식·이상기·임종우·박정우

값 15,000원
ISBN 979-11-5971-339-2

* 잘못된 책은 구입하신 서점에서 교환해 드립니다.

서문

우리는 모두 영향을 받는다

노래가 우리를 폭력적으로 또는 이타적으로 만들고, 빵 냄새가 우리를 친절한 사람으로 바꿀 수 있을까? 이런 식의 질문을 받으면 사람들은 당장 아니라고 대답한다. 하지만 과연 그럴까?

오늘날 사회심리학은 인간의 결정과 행동이 완전히 통제되지 못하며 이성적이지도 않다는 사실을 보여준다. 사실 우리는 미묘한 사회적 요인이나 상황적 요소에 매일매일 영향을 받는다. 겉보기에는 너무나 사소하고 예외적이어서 이것들로 인해 우리가 절대 자발적으로는 하지 않았을 무언가를 한다거나 어떤 결정을 내릴 거라고 상상하기는 어렵다. 그런데 노래가 우리를 바꾸지 못하고 빵 냄새가 우리를 이타적으로 만들지 못한다고 단언할 수 있을까? 사실 우리가 이렇게 단언하는 이유는, 주어진 상황에서 무엇이 우리의 결정과 행동을 이끄는지 의식하지 못하기 때문이다. 우리는 언제 어디서 무엇이 우리에게 영향을 끼치는지 명확히 통찰하지 못한다.

이 책의 주된 목적은 행동에 대한 사회심리적 영향을 설명하고, 우리가 타인의 어떤 모습에 유혹당하는지 밝히는 것이다. 책 전반에 걸쳐 소개하는 다양한 실험들은 우리가 생활 속의 소소한 요인들에 의해 부지불식간에 조종당하고 있다는 사실을 명확히 밝혀준다. 타인에게서 관찰하는 사소한 특징(미소, 안경 등), 주변에서 지각하는 것(음악, 냄새 등), 다른 사람과 교류할 때 하는 말과 행동(팔 살짝 건드리기, 특별한 말 등)이 우리의 감정과 결정에 영향을 미치고, 정보를 다른 식으로 처리하게 만들며, 심지어 물건을 사고 누군가를 유혹하도록 부추길 수 있다는 사실을 이제 보게 될 것이다. 무수히 많은 것이 영향을 미치는 환경에서 우리가 모든 것을 완벽하게 통제하기란 쉽지 않다.

차례

요령과 비법

일상 속의
유혹

2013년 발표된 영국의 한 연구에 따르면,
우리는 하루 평균 일곱 번 웃고 그중
한 번은 가짜로 웃는다. 이렇게 웃음에
인색할 수가! 미소를 짓고 공손하고 상냥한
태도를 취하는 것만으로도 선한 생각과
긍정적인 행동을 불러일으킬 수 있건만.

01 | 웃으면 복이 온다!

자주 미소 지을수록 더 행복해지고, 더 아름다워지며,
더 사랑받고, 더 다정하고 현명한 사람이 된다. 어디 그뿐인가.
이 '사회적' 표정 속에는 뜻밖의 비밀이 숨어 있다.

세상에 태어나 제일 처음 보는 것은 어머니의 미소다. 아기는 금세 이것을 흉내 낸다. 생후 4주에서 6주부터 아기는 입술을 살짝 움직여 '사교적으로' 미소를 지으며 주변 환경에 반응한다. 아마도 환경과 상호작용하면서 느끼는 만족감의 표현인 것 같다. 로마의 시인 베르길리우스가 말했듯이 '아이는 미소로 엄마를 알아보고' 엄마는 다시 아이에게 미소를 지어 보임으로써 아이를 안심시킨다.

그런데 도대체 미소란 뭘까? 프랑스 국립과학연구센터의 사회학자 미셸 피즈Michel Fize는 "기본적으로 미소는 웃음의 일종이다. 물론 미소가 반드시 큰 웃음으로 이어지는 것은 아니지만 그 나름의 미덕을 갖고 있다"고 말한다. 그렇다면 일상의 근심거리가 있을 때 혹은 날씨가 나쁘다거나 아침 식탁에서 우유를 엎질렀을 때 미소가 도움이 될 수 있지 않을까. 실제로 심리학자들은 단지 미소를 띠는 것만으로도 인간관계가 좋아지며 미소를 주고받는 일이 우리의 행복에 좋은 영향을 끼친다는 것을 실험으로 입증했다. 사실상 거의 모든 생활 영역에서 미소는 우리의 기분이나 인상 또는 능력을 개선하는 데 효과가 있다.

더 행복해지고 더 존중받는 길

1982년 베드퍼드에 있는 이디스노스로저스 재향군인병원의 크리스 클라인크Chris Kleinke와 웰즐리 대학의 재니스 월턴Janice Walton은 피실험자들에게 미소를 띠고 면접을 보게 한 뒤 설문지를 통해 그 느낌을 평가하게 했다. 결과는 대단히 놀라웠다. 참여자들은 모두 기분이 좋았고 대화가 긍정적이었다고 생각했으며 면접관이 자기를 높이 평가했다고 추측했다. 이 의외의 발견은 미소에 대한 우리의 관념을 바꿔놓았다(그 당시까지 미소는 행복의 표현이지 그것의 원인이라고 여겨지지 않았다). 즉 미소에는 긍정적 정서를 불러일으키는 효과가 있음에 틀림없다. 만약 그렇다면, 미소는 단순한 반사적 행동이 아니기 때문에 쉽게 선순환을 형성할 수 있다. 미소 짓는 표정은 연습하면 되니까.

억지로라도 미소를 지으면 일이 더 잘 풀리지 않을까? 나쁘지 않은 생각이다. 미소를 지으면 사람들은 여러분을 더 좋게 평가하기 때문이다. 홍콩 침례대학의 심리학자 싱 라우Sing Lau는 외모가 평범한 남자 한 명과 여자 한 명의 미소 띤 사진과 미소를 띠지 않은 사진을 실험 참여자들에게 보여줬다. 그런 다음 설문지를 이용해 두 사람의 사회성(이 사람은 호의적입니까, 관대합니까 등), 정서성(이 사람은 다정합니까, 행복합니까 등), 외모, 지능에 대해 점수를 매기게 했다. 참여자들은 모두 미소 짓는 남녀를 더 긍정적으로 평가했다. 두 사람이 미소를 띠고 있을 때의 모습이 더 똑똑하고 친절하며, 심지어 더 잘생기고 아름답게 보였다는 얘기다.

매혹적으로 미소 짓는 법

이런 좋은 점들을 모두 취할 수 있는 완벽한 미소는 어떤 미소일까? 브라질 상파울루 대학교 에마 오타Emma Otta 연구 팀의 설명을 들어보자. 이 심리학자들은 대학생들에게 사진을 보고 사람들을 평가하게 했다. 사진 속 사람들의 표정은 무표정, 입을 다문 채 미소만 머금은 표정, 이를 드러내긴 했지만 턱을 다물고 미소를 지은 표정, 활짝 미소를 지은 표정이었다. 그 결과, 미소가 환할수록 외모가 매력적이고 사교적이며 다정해 보이는 것으로 밝혀졌다.

따라서 이를 드러내며 환하게 자주 미소를 지어야 한다. 이것은 와이오밍 대학교의 휴 맥긴리Hugh McGinley 연구 팀의 연구 결과가 알려준 사실이다. 이들은 사진상에서 더 자주 미소 짓는 여자가 더 많은 호감을 준다는 것을 입증했다.

미주리 대학교의 데브라 월시Debra Walsh와 제이 휴잇Jay Hewitt은 실제로 공공장소에서 이 실험 결과를 확인했다. 연구자들의 실험 협력자인 젊은 여자가 남자들이 많이 찾는 카페에서 혼자 앉아 남자 몇 명을 차례로 쳐다보면서 이따금 미소를 지었고 나머지 남자들은 무시했다. 그런 다음 연구자들은 카페 안의 남자 가운데 누가 여자에게 다가가는지 관찰했다.

여자가 쳐다보지 않은 남자들은 아무도 여자에게 접근하지 않았고, 여자가 무표정한 얼굴로 쳐다본 남자들은 그중 20%가 여자에게 다가갔다. 하지만 여자가 미소를 지으며 쳐다봤던 경우에는 남자들 가운데 60%가 여자에게 다가갔다.

남브르타뉴 대학교의 우리 연구 팀도 이와 유사한 상황에서 동일한 결과를 확인했다. 실험 협력자인 젊은 여자가 술집에 들어가면서 카운터에 앉아 있는 남자에게 미소를 짓거나 짓지 않는 상황을 연출했다. 그런 뒤 여자는 탁자 앞에 앉아 잡지를 읽는 척했다. 앞선 연구와 마찬가지로, 여자가 미소를 지어 보이지 않은 남자들은 4%만 여자에게 말을 걸었던 반면에 여자가 미소를 지어 보였던 남자들은 22%가 말을 걸었다.

여기서 깊이 새겨볼 가르침 하나는, 여러분이 부루퉁한 표정을 하고 있으면 사람들은 여러분을 무시하는 경향이 있다는 것이다. 하지만 미소를 지으면 사람들은 여러분과 사귀고 싶어 한다. 게다가 더 오래 기억한다.

2006년에 캘리포니아 대학교 버클리 캠퍼스의 아서 시마무라 Arthur Shimamura 연구 팀은 사람들이 무표정한 얼굴보다 미소 지은 얼굴을 더 오래 기억한다는 사실을 발견했다.

미소는 이처럼 우리의 이미지에 영향을 끼칠 뿐만 아니라 사회

뒤셴의 미소

프랑스의 신경과 의사 기욤 뒤셴Guillaume Duchenne은 1860년대에 최초로 미소를 연구한 사람이다. 그는 얼굴에 있는 근육 다발들을 전기로 하나씩 자극하는 방법으로, 진심에서 우러나는 미소는 입의 광대근뿐 아니라 눈의 안와근까지 사용한다는 사실을 밝혀냈다. 또 입 근육들은 의지로 움직일 수 있지만 눈 근육들은 그렇지 않다고 결론지었다. "눈 주변의 근육은 진짜 느낌, 즉 유쾌한 감정에 의해서만 활성화될 수 있다. 이 근육이 이완돼 있다면 미소는 거짓이라는 뜻이다." 이런 연유로 '진짜' 미소는 뒤셴의 미소라고 불리게 됐다. 눈으로는 미소를 위장하지 못한다. 마찬가지로 상대방이 우리에게 미소를 지을 때도 이것이 진심에서 우러난 미소인지 알고 싶다면 눈주름을 잘 살펴보면 된다.

적 교류가 이루어지는 영역, 특히 이타주의와 관련해서 상당한 힘을 발휘한다.

미소가 상대방의 행동을 완전히 긍정적으로 전환시킬 수 있다는 사실은 여러 연구를 통해 입증됐다. 한 예로 맨해튼빌 대학의 헨리 살로몬Henry Salomon 연구 팀이 진행한 연구를 보자. 쇼핑몰에서 승강기를 기다리고 있는 여자 곁으로 여성 실험 협력자 한 명이 다가가서 섰다. 승강기가 도착하자 두 사람이 들어간 뒤 또 다른 협력자인 세 번째 여자가 뒤따라 들어가서 첫 번째 여자, 즉 피실험자 옆에 서서 "제가 안경이 없어서 글자를 못 읽겠는데 침구류를 사려면 몇 층으로 가야 하나요?" 하고 물었다.

미소는 우리를 좋은 사람으로 만든다

실험 결과는 상당히 인상적이었다. 첫 번째 실험 협력자가 피실험자들에게 미소를 지은 경우에는 그중 70%가 두 번째 협력자를 도와줬지만 미소를 짓지 않은 경우에는 35%만 도움을 줬다.

우리 연구 팀도 유사한 실험을 했는데, 대학생들에게 대형 마트의 에스컬레이터를 타고 올라가면서 맞은편에서 에스컬레이터를 타고 내려오는 사람 몇 명에게 미소를 짓게 했다. 에스컬레이터 밑에서는 실험 협력자 한 명이 두 손에 짐을 들고 피실험자 쪽으로 등을 돌린 채 그를 기다리고 있다가 피실험자가 에스컬레이터에서 내리는 순간 짐을 떨어뜨렸다. 누가 실험 협력자를 도와줬을까? 이 경우 역시 에스컬레이터에서 미소 지은 얼굴을 봤던 사람들이었다.

하지만 이 효과는 미소가 확실할 때만 발휘되는 것 같다. 실제로 워싱턴 대학교 시애틀 캠퍼스의 캐시 티드Kathi Tidd와 조앤 로커드Joan Lockard는 젊은 여자 종업원의 미소가 팁에 끼치는 영향을 실험했다. 종업원은 손님에게 음료를 가져다주면서 미소를 약간만 짓거나, 활짝 짓거나, 전혀 짓지 않았다. 팁은 여기에 영향을 받아 미소가 환할수록 올라갔다. 우리 연구 팀도 비슷한 실험을 했는데, 환한 미소를 지을수록 도로에서 차를 얻어 타기가 쉽다는 결과를 얻었다.

미소는 미소를 부른다

따라서 미소는 우리의 삶을 다각도로 개선하기 위해 마음껏 사용할 수 있는 무기인 셈이다. 우리가 미소를 충분히 짓지 않는 것은 분명하다.

2013년 영국의 한 연구에 따르면, 우리는 하루에 평균 일곱 번 미소를 짓는데 그중 한 번은 '가짜' 미소(이를테면 상사에게 짓는 미소)다. 우리는 미소를 더 잘 지을 수 있다. 하지만 억지로도 지을 수 있을까? 이것은 간단치 않은 문제인데, 뒤셴에 따르면 사람들은 피상적 미소를 쉽게 간파해 진실한 미소와 구분하기 때문이다(앞의 글상자 '뒤셴의 미소' 참조). 진실한 미소를 짓기 위해서는 먼저 마음속에서 올라오는 긍정적인 감정들을 수용하고 이때 떠오르는 미소를 검열하지 말아야 한다. 긍정적인 감정들이 올라오지 않을 경우 차선책은 타인의 미소에 의지하는 것이다.

노스다코타 주립대학교의 벌린 힌츠Verlin Hinsz와 주디스 톰헤이브Judith Tomhave에 따르면 미소는 전염된다. 힌츠와 톰헤이브는 대학생들에게 여러 공공장소에서 세 가지 표정, 즉 미소 띤 표정, 무표정, 찡그린 표정으로 산책을 하게 했다. 그 결과, 미소를 지은 학생과 마주친 사람들은 약 40%가 미소로 응답했다.

남브르타뉴 대학교 반 캠퍼스의 요르디 슈테판Jordy Stefan의 연구에 따르면, 미소로 응답하는 비율은 장소에 따라 다르다. 이 연구에서 젊은 여자들이 도시, 공원, 바닷가에서 산책하며 마주치는 사람들에게 미소를 지었더니 미소로 응답하는 비율이 달랐다. 도시에서는 행인의 30%, 공원에서는 60%, 바닷가에서는 51%가 미소로 응답한 것이다. 장소가 쾌적하면 확실히 우리의 광대 근육이 더 활성화된다. 날씨도 마찬가지다. 사람들은 날씨가 흐릴 때보다 좋을 때 더 자주 미소를 보낸다.

여자가 남자보다 미소에 강하다

미소에 있어서 우리는 동등하지 않다. 남자가 여자보다 더 노력해야 한다. 심리학자 마크 디샌티스Mark DeSantis와 네이선 시에라 Nathan Sierra는 아이다호 대학교 모스코 캠퍼스에 보관된 학생 사진을 거의 100년 전 것들까지 모아 무표정, 가벼운 미소, 이를 드러낸 환한 미소로 분류했다. 이렇게 해서 이들이 얻은 결론은, 여자가 남자보다 더 많이 미소를 짓고 남자들은 가벼운 미소는 지어도 이를 보이며 활짝 웃는 일이 드물다는 것이다……. 이런 차이는 어쩌면 성에 대한 고정관념 때문인지도 모른다. 말하자면, 남자들에게 있어서 환한 미소는 사회적 고정관념에 따른 '강인한 남자' 이미지를 포기하는 것을 전제한다.

이런 생각은 워싱턴 대학교 세인트루이스 캠퍼스의 데이비드 도드David Dodd가 이끄는 연구 팀에 의해 사실로 확인되었다. 이들은 여러 초등학교의 학급 사진을 세밀하게 조사한 결과, 만 9세 이전까지는 남자아이와 여자아이가 미소 짓는 비율이 동등하다는 사실을 발견했다. 그런데 4학년에서 5학년부터는 남자아이들이 여자아이들보다 미소를 짓는 경우가 감소하기 시작했다. 왜 그럴까? 일부 연구자들에 따르면, 신경과 호르몬에 큰 변화가 일어나는 시기인 전청소년기에 아이들은 성에 대한 관심이 강해져 성별에 따라 정형화된 사회적 행동들을 하기 때문에 감정을 표현하는 방법도 달라진다.

여자아이들은 서슴없이 자신의 감정을 드러내고 남자아이들은 감정을 억누르면서 거의 드러내지 않는 것이다. 때로는 미소를 참기도 하는데 굳이 그럴 가치가 있을까?

02 | 받은 대로 돌려주라: 황금률

많은 심리학 연구는 우리가 받은 대로 돌려주는 경향이 있음을 보여준다. 사회는 틀림없이 이 상호성에 토대를 두고 있을 것이다.

"가는 정이 있어야 오는 정이 있다", "신세를 졌다", "준 만큼 받는다" 와 같은 말은 사회적 관계의 몇 가지 측면이 상호적 행동에 근거하고 있음을 암시한다. 만약 드릴이 필요할 때 이웃이 그것을 선뜻 빌려줬다면 여러분도 이웃이 청소기를 빌리러 왔을 때 주저 없이 빌려줄 확률이 높다. 우리가 하는 많은 행동은 이와 같은 상호성의 표현이다. 이를테면 아이들에게 "고맙습니다"라는 말을 가르치는 것도 이 원칙에 따른 것이다. 받았으면 보답을 해야 한다. 어린아이는 말과 미소밖에 가진 것이 없기 때문에 이 게임의 규칙을 반드시 지켜야 한다. 따라서 부모는 자녀들에게 이 원칙을 전수하기 위해 시간과 노력을 들인다.

일부 사회학자와 경제학자들이 호모 이코노미쿠스와 비교해서 거론하는 '호모 레시프로쿠스Homo reciprocus'는 바로 이 상호성 개념에 토대를 두고 있다. 워싱턴 대학교 세인트루이스 캠퍼스의 앨빈 굴드너Alvin Gouldner는 보편적인 상호성의 규범이 존재한다고 본다. 인간의 사회 구조가 오랜 시간에 걸쳐 진화하며 만들어낸 결과물이 바로 이 규범이라는 것이다. 생존 자체가 힘들었던 시대에 궁핍한 시기가 도래하면 어떤 사람들은 남의 도움을 받아야 했을 것이고, 이 도움은 풍족한 시기가 도래했을 때 남을 지원해줄 이유가 되었을 것이다. 장기적으로 생존 확률은 올라갔을 것이고, 그 혜택은 이런 식의 교환을 실천하는 집단들에게 돌아갔을 것이다.

소유의 문화에서 나눔의 문화로

미국의 심리학자로 영향력 분야 전문가인 애리조나 대학교의 로버트 치알디니Robert Cialdini에 따르면, 상호성의 규칙은 인간의 진화 과정에서 대단히 중요했다. 무엇인가 받은 사람은 빚진 느낌, 다시 말해 적절한 기회에 보답해야 한다는 의무감을 느낀다는 사실을 분명히 의식했기 때문에, 사람들은 일시적으로 자기 재산을 내놓을 수 있었을 것이다. 운명이 뒤바뀌면 채무자에게 도움을 청할 수 있을 테니까. 이 원칙을 동화함으로써 인간은 소유의 문화에서 나눔의

문화로 이행했을 것이다. 이러한 나눔의 개념은 사회를 구성하는
필수조건이었던 것으로 추정된다.

이 이론은 상호성의 원칙이 사람들의 내면에 깊이 각인돼 있어
언제든 작동할 수 있고 우리의 행동에 쉽게 영향을 미칠 수 있음을
의미한다. 최근의 사회심리학 연구는 상호성의 규범이 갖고 있는
힘을 잘 보여준다.

유전자에 새겨진 고마움

SMS가 출현하기 전이었던 1976년에 브리검영 대학교의 필립
쿤즈Phillip Kunz와 마이클 울컷Michael Woolcott은 전화번호부에서 무작
위로 사람을 골라 축하카드를 보냈다. 그랬더니 놀랍게도 많은 사
람이 답장 카드를 보내왔다. 이들은 연구자들과 전혀 모르는 사이
였다. 그런데도 연구자들에게 카드를 보낸 이유는 그것이 일종의
규칙이기 때문이다. 상호성은 이처럼 약간 엉뚱한 상황에서도 저절
로 작동한다. 물론 상호성을 일종의 예의로 해석하는 사람들도 있
을 텐데, 예의 바른 행동이 오히려 상호성의 이면 아닐까?

건물 입구에서 두 사람이 서로 "먼저 들어가세요" 하고 양보하는
상황도 상호성의 결과라고 할 수 있다. 누군가 호의를 베풀면 우리
도 무조건(혹은 대체로) 그 사람에게 호의를 베풀어야 할 것 같은 느

낌이 든다.

코넬 대학교의 데니스 리건Dennis Regan은 서로 모르는 사람들 사이에서 작동되는 상호성의 효과를 처음으로 규명했다. 상호성의 힘은 대단히 강력해서 심지어 무례한 사람에게도 보답하게 만드는 것으로 밝혀졌다. 이 실험에서 피실험자는 그림에 대한 미적인 평가를 하기 위해 대기실에서 기다렸다. 얼마 뒤 실험 협력자가 대기실로 들어왔다. 곧이어 전화가 울렸고 실험 협력자가 전화를 받았다. 그는 예의 바르게 전화를 받는 상황과 무례하게 전화를 받는 상황을 연출했다. 그 뒤 두 사람은 각자 다른 방으로 들어갔고, 실험자가 방으로 들어가 피실험자에게 복제판 그림을 보고 느낀 점을 말하고 평가해달라고 했다.

5분 뒤 쉬는 시간이 주어졌다. 실험 협력자는 실험 참여자에게 양해를 구하고 대기실 밖으로 나갔다가 1분 뒤에 돌아왔다. 한 조건에서는 협력자가 음료수 두 병을 들고 들어와(협력자는 대기실을 나가기 전에 실험 참여자에게 자판기에서 음료수를 사러 간다는 얘기를 미리 했다) 한 병을 실험 참여자에게 건넸고, 다른 조건에서는 협력자가 그냥 방으로 돌아와 자리에 가서 앉았다.

쉬는 시간이 끝나고 다시 그림 평가 작업이 시작됐다. 5분 뒤에 다시 한번 쉬는 시간이 주어졌고 이번에는 두 사람이 대기실에 계속 같이 머물렀다. 그 시간을 이용해 실험 협력자는 실험 참여자에게 자기가 체육관 신축을 위해 복권을 판매하고 있는데 사줄 수 있느냐고 물었다. 5분 뒤 실험자가 돌아와 실험 참여자에게 친절한—
불쾌한, 관대한—이기적인 등의 형용사로 구성된 설문지를 이용해
실험 협력자의 인상을 평가하게 했다.

그 결과, 실험 참여자들은 실험 협력자가 음료수를 건넸을 때,
특히 대기실에서 실험 협력자가 전화를 공손하게 받았을 때 복권을
두 배로 산 것으로 드러났다. 즉 대기실에서 실험 협력자가 공손한
태도를 보인 경우 실험 참여자는 복권을 평균 1.91장 산 반면, 무례
한 태도를 보인 경우에는 1.60장을 샀다. 협력자가 음료수를 건네
지 않았을 때 복권 구매 수는 더 적어, 협력자가 대기실에서 예의 바
른 태도를 보인 경우에는 평균 1장이었고 무례한 태도를 보인 경우
에는 0.8장이었다. 실험 협력자가 대기실에서 예의 바르지 않은 태
도를 보였어도 음료수를 건넨 경우에는 협력자에 대한 평가가 더
긍정적이었다. 리건에 따르면, 이 실험 결과는 보답에 대한 압력으
로 설명된다.

사탕의 힘

이 관찰 결과는 여러 후속 연구에서도 확인되었다. 우리 연구 팀
도 비슷한 실험을 했다. 우리는 대학생들에게 길에서 사탕을 나눠
주게 했다. 한 상황에서는, 사탕을 가득 담은 바구니를 들고 행인에

게 다가가 사탕을 주면서 "비영리단체와 관련된 설문지를 작성해주실 수 있을까요? 잠깐이면 됩니다" 하고 부탁했다. 또 다른 상황에서는(대조 상황), 곧바로 설문지를 작성해달라고 부탁했다.

실험 결과, 사탕을 건넸을 때는 사람들 중 46%가 설문에 참여한 반면, 사탕을 건네지 않았을 때는 33%가 설문에 참여했다. '사탕 조건'의 경우 실제로 사탕을 받았든 받지 않았든 설문에 참여한 비율이 동일했다.

사탕을 준 사람이 우리에게 호감을 주고, 이 점이 우리에게 보답하도록 부추긴다고 볼 수도 있다. 그럴 가능성도 실제로 있겠지만, 부탁하는 사람과 사탕을 주는 사람이 동일인이 아닌 경우에도 상호성의 효과가 나타난다는 것을 입증한 실험들이 있다. 남브르타뉴 대학교의 세바스티앙 메느리Sébastien Meineri가 진행한 연구에서는, 조사원들이 길에서 사람들에게 수제 과자를 나눠줬다. 크리스마스 시기에 대학교를 홍보하기 위한 행사였다. 행인이 과자를 받으러 다가오면 홍보 부스에 있던 담당자가 행인에게 자기가 화장실을 가려고 하는데 잠깐 소지품을 지켜줄 수 있겠느냐고 물었다. 또 한 실험 조건에서는, 홍보와 무관한 사람이 똑같은 부탁을 했다. 그 결과, 과자를 준 사람과 부탁한 사람이 동일인일 경우 93%의 사람이 부탁을 들어줬고, 과자를 주지 않고 부탁한 경우에는 그 비율이 33%에 불과했다.

부탁한 사람과 과자를 준 사람이 동일인이 아니었을 때도 70%

의 사람이 부탁을 들어줬다. 다시 말해, 상호성의 압력은 무언가를 제공한 사람이 부탁할 때 더 강하긴 하지만 어쨌든 다른 사람에게 라도 '보답'을 하도록 강제한다. 따라서 상호성의 규범은 제공자에 게 한정된 직접적인 '주고받음'의 원칙에만 근거하는 것이 아닐 가능성이 크다. 빚졌다는 느낌은 대단히 무차별적이어서, 우리 앞에 나타나는 첫 번째 사람이 그 혜택을 받을 수도 있다.

더 주면 더 받는다

받은 것에 보답하려는 감사의 마음은 얼마나 오래 지속될까? 샌타클래라 대학교의 제리 버거Jerry Burger는 실험 협력자가 실험 참여자에게 음료수를 제공하고 1주일 뒤 도움을 청했을 때는(즉 상호성을 요구했을 때는) 호응이 줄어든다는 사실을 실험으로 입증했다. 다시 말해, 타인에게 보답하려는 욕구는 시간이 지나면서 사라진다. 우리가 빚을 졌다는 사실을 대체로 잊어버린다는 말이다.

그렇지만 현존하는 동안에는 상호성 욕구가 거의 맹목적이다. 길에서 사탕을 나눠주면서 여론조사에 응해달라고 부탁할 경우 사람들은 매수 또는 조종당하고 있다는 느낌을 받을 수도 있다. 순수한 선물이 아니라 그 대가로 무언가를 얻어내려는 술책이라는 것을 알면 기분이 불쾌해서 정반대 효과, 즉 거부 반응을 보일 가능성이 있다.

그러나 일반적으로는 이런 경우가 잘 관찰되지 않는다. 호의가 사람들의 주목을 확실하게 끌었다면 상호성은 힘을 발휘한다. 한 예로, 몬머스 대학교의 데이비드 스트로메츠David Strohmetz 연구 팀은 식당 종업원에게 계산서를 담은 접시에 초콜릿 한 조각을 같이 얹어서 손님에게 주도록 했다. 계산서 접시에 초콜릿이 놓여 있을 때는 종업원이 받은 팁의 평균이 음식값의 18.8%인 데 반해, 초콜릿이 없을 때는 15.1%에 그쳤다(팁은 프랑스보다 미국이 더 많았다). 이 결과를 재차 확인한 다른 실험에 따르면, 계산서 접시에 초콜릿이 두 조각 놓여 있을 때는 팁의 총액이 21.6%까지 올라갔다.

주고받음은 비례적인 것 같다. 다시 말해, 더 주면 더 받는다. 심지어 상거래 관계에서조차 작은 선물 하나가 그에 상응하는 행동을 하게 만든다는 이 사실은 상호성의 규범이 지닌 힘을 확실하게 보여준다.

규칙의 중요성

이 원칙들을 현명하게 잘 사용하면 다른 사람에게서 호의를 이 끌어낼 수 있다. 이 사실을 예시해주는 실험이 하나 있다. 보르도 2 대학교의 알렉상드르 파스퀴알Alexandre Pascual은 프랑스 보르도의 한 거리에서 담배를 피우는 사람들에게 다가가 공손하게 담배 한 개비 를 청했다. 경우에 따라서는 그 대가로 돈을 주겠다고 했다. 제안된 액수는 담배 한 개비 값에서부터 열 개비 값까지 다양했다. 참고로, 어떤 경우에는 대가 없이 담배만 청하기도 했다.

그 결과, 돈을 제안하지 않았을 때는 사람들 가운데 32%가 담배 를 줬고, 담배 한 개비 값을 주겠다고 했을 때는 43%, 다섯 개비 값 을 주겠다고 했을 때는 64%, 열 개비 값을 주겠다고 했을 때는 77% 가 담배를 줬다. 이 결과는 논리적으로 보인다. 담배 한 개비를 주고 돈을 벌 수 있는데 누가 싫다고 할까? 그런데 실제로 이런 일은 벌 어지지 않았다. 다시 말해, 연구자가 담배를 받은 뒤 돈을 내밀었을 때 아무도 받지 않았다.

사람들은 돈을 주겠다는 말에 호감을 느껴 연구자에게 담배를 준 것일까? 이것을 밝히기 위해 연구자는 다른 실험을 고안했다. 각 조건에서 담배를 준 사람들에게 조사원이 가서 담배를 되돌려준 뒤 이것이 사실은 기부와 관련된 연구였다고 설명하면서, 담배를 청했 던 사람을 평가해달라고 했다. 담배를 청한 사람이 호감이 갔는지,

정직하다고 생각했는지, 전반적인 인상은 어땠는지, 그리고 담배를 줘야 할 것 같은 느낌을 받았는지 물은 것이다.

사람들의 대답은 실험 조건과 상관없이 모두 동일했다. 게다가 금액이 많다고 해서 담배를 줘야 한다는 의무감을 더 강하게 느낀 것도 아니었다. 알렉상드르 파스퀴알은 이 관찰들에 근거해, 상호성은 사람에 대한 평가에 지배를 받지 않는다고 보았다. 상호성의 규칙은 이것을 지키는 사람에게 그에 상응하는 태도를 보이는 것이기 때문이다. 상대가 고마움을 인지하고 있고, 상호성의 규칙이 어떤 식으로 구현되든 간에 묵시적으로 지켜질 것임을 인지했기 때문에 사람들은 담배를 준 것이다.

이 실험에서 담배를 준 사람들은 돈을 받지 않았는데, 이것은 교환 규칙의 준수만으로도 충분하다는 것을 보여주는 증거다. 하지만 때로 우리는 이 상호성 때문에 선물을 받기도 한다. 설사 받은 뒤에 바로 버린다고 해도 말이다. 여기에 대해서는 로버트 치알디니가 여러 공공장소에서 크리슈나교 신도들을 관찰한 사례가 있다.

내키지 않지만 그래도 보답한다

신도들은 사람들에게 꽃을 한 송이 주면서 평화와 행복을 빌어 주었다. 사람들이 꽃을 받아 들고 가면 같은 복장을 한 다른 신도 한 명이 다가가서 자신들의 단체에 기부해달라고 부탁했다. 치알디니는 사람들이, 표정으로 보아 내키지 않는 게 분명하지만, 부탁을 거절하지 못하고 주머니에서 돈을 꺼내는 모습을 관찰했다. 그렇다고 해서 그 돈이 꽃에 대한 적절한 사례금은 아니었다. 사람들은 신도에게서 벗어나자마자 근처 쓰레기통에 꽃을 버렸기 때문이다(신도들은 쓰레기통에서 꽃을 도로 꺼내 다른 사람들에게 똑같은 수작을 부렸다). 이 상황에서는 경제학적 형평성 원칙이 작동하지 않는 것처럼 보이며, 사람들은 뭔가를 받았으면 내키지 않더라도 보답해야 한다는 의무감을 느낀다는 것을 알 수 있다.

지금까지 살펴본 대로, 상호성의 원칙은 우리의 일부 행동에 강력한 영향을 미치는 요소일 수 있다. 물론 부정직한 사람들이 이 원칙을 악용해서 이득을 꾀할 위험도 없지 않지만, 원만한 사회적 관계를 유지하면서 상부상조하고 살 수 있는 것은 이 원칙 덕분이다. 일상에서 상호성의 원칙을 적극적으로 실천하면 사회적 관계는 더 좋아질 수 있다. 받으리라는 확신을 갖고 주는 법을 배워보자.

03 | 예의, 인간관계의 열쇠

예의는 우리의 행동과 인지능력에 영향을 미친다. 이것은 많은
심리학 실험을 통해 입증된 사실이다. 예의 바른 말과 행동은 우리를
더 친절한 사람으로 변화시키고 기억력을 강화하며 세대 간의
신뢰감을 높여준다. 예의는 사회적 유대를 형성하는 기본 요소다.

사회를 지탱시키는 토대는 관습이다. 최초로 이렇게 분석한 사람은
에밀 뒤르켐Émile Durkheim(1858~1917)이다. 이 관습들 가운데 단순하
고 상투적으로 행해지는 표현·행동·몸짓은 갈등을 피하고 타인에
대한 불안감을 해소시키는 사회적 '윤활' 기능을 한다. 우리가 예의
라고 부르는 것이 바로 이런 것들이다.

"안녕하세요?", "여전히 건강하시죠?"와 같은 인사말은 상대방의
건강을 확인하려는 것이 아니라 의례적으로 하는 말이다. 이런 관
습을 지키지 않으면 부정적인 사람으로 인식되기 때문이다. 한편,
이런 관습적 표현들은 사회적 관계를 우호적이고 편안하게 시작할
수 있게 해주는 수단으로도 종종 사용된다. 한 예로 댈러스 대학교

에서 진행한 한 연구에서, 구호 단체 직원이 사람들에게 과자를 팔면서 "안녕하세요? 별일 없으시죠?" 하고 먼저 인사를 건네면 사람들이 더 쉽게 과자를 사는 것으로 밝혀졌다. 이 연구 책임자였던 대니얼 하워드Daniel Howard에 따르면, 이 방법은 매우 효과적이다. 구호 단체 직원은 이 같은 사회적 교류의 관습을 지키고 있다는 사실 덕분에 좋은 인상을 풍기고, 더 나아가 인사말은 상대방에게 그다음 말에 더 주의를 기울이게 만들기 때문이다. 예의상 건네는 상투적 표현들은 교류를 시작할 수 있도록 '주의를 끌어당기는 실마리' 역할을 하기도 한다. 한편 대니얼 하워드는 부탁하는 사람이 상대방의 대답을 주의 깊게 들어줄 때 효과가 더 긍정적이라는 사실을 알아냈다. 서로의 말에 주의를 기울이면 대화가 계속 이어질 수 있다.

예의 바른 말과 행동은 우리를 이타적으로 만든다

따라서 공손하게 행동하면 원하는 것을 얻을 수 있다. 하지만 이것으로 끝이 아니다. 예의 바른 말과 행동은 이보다 더 큰 결실을 맺는다는 사실을 명심하자. 예를 들어 세심한 배려를 받은 사람은 다른 사람을 도우려는 경향이 강하다. 우리 연구 팀은 이것을 실험으로 입증했다. 우리는 연구원(실험 협력자) 한 명을 사람이 많이 들락거리는 건물의 출구에 서 있게 했다. 그 실험 협력자는 문기둥 앞에서 담배를 피웠고, 출입문 안으로 들어가려면 그를 돌아서 가야 했다. 우리는 두 조건으로 실험을 진행했는데, 하나는 '예의 바른' 조건이고 다른 하나는 '무례한' 조건이었다.

무례한 조건에서는 실험 협력자가 자리에서 움직이지 않은 채 방관했다. 공손한 조건에서는 건물로 들어가려는 사람이 자기 뒤로 돌아가려고 할 때 곧바로 "이런! 죄송합니다. 딴생각을 하느라 못 봤어요" 하고 말했다. 그리고 얼른 자리를 비켜주면서 그 사람이 들어갈 수 있게 문을 열어줬다. "죄송해요. 즐거운 하루 보내세요!" 하고 웃으면서 인사도 건넸다.

마지막으로, 중립적 조건에서는 실험 협력자가 무관심한 표정으로 문에서 두 걸음 옮겨 비켜줬다.

이어서 실험의 두 번째 부분이 진행됐다. 피실험자가 건물로 들어가는 순간, 또 한 명의 실험 협력자가 마주 오면서 열 장 정도 되는 서류를 바닥에 떨어뜨렸다. 연구 팀은 근처에 숨어, 피실험자가 서류를 떨어뜨린 실험 협력자에게 어떤 행동을 하는지 관찰했다.

우리가 관찰한 바에 따르면, 건물 입구에서 모르는 사람의 정중하고 공손한 행동을 접했을 때는 사람들 가운데 43%가 서류를 떨어뜨린 사람을 무의식적으로 도와줬다. 그러나 무관심한 행동을 접했을 때는 그 수가 2분의 1(21%)로 줄어들었고 무례한 태도를 접했을 때는 3분의 1에서 4분의 1(13%)로 줄어들었다.

우리는 이 관찰을 바탕으로, 사회생활에서 예의의 의미와 가치에 대한 중요한 결론을 이끌어낼 수 있다. 예의는 사람을 안심시키고 일상적 교류를 용이하게 만들어주는 관습일 뿐만 아니라 좋은 생각과 긍정적인 행동도 촉진시킨다는 것이다. 공손한 태도를 접한 사람들은 무의식적으로 남을 돕고 사교적인 태도를 취하지만, 무례한 태도를 접한 사람들은 움츠러든다.

아이가 어른을 바꾼다: 서로에 대한 존중이 일으키는 변화

부모와 교사들은 아이가 아주 어릴 때부터 예의를 가르쳐야 한다고 생각한다. 정말 옳은 생각이다! 우리 연구 팀은 어린아이의 예의 바른 말과 행동이 사회적으로 어떤 영향을 끼치는지 평가하는 실험을 했다. 엄마가 만 5세와 7세 자녀 둘을 데리고 길을 걸어가는 동안 아이들은 행인과 마주치면 "안녕하세요" 하고 웃으며 인사하라는 지시를 받았다. 관찰자는 10미터 뒤에서 이들을 따라가며 행인도 아이들에게 같이 미소를 지으면서 인사하는지 지켜봤다. 그런 뒤 그 행인에게 다가가서 질문 네 개로 구성된 간단한 여론조사를 부탁했다. 설문은 2020년대에 성인이 될 젊은 세대의 가치관에 대한 것이었다. 예를 들면 "2020~2025년의 젊은이들은 오늘날보다 더 결속력이 있을 것이라고 생각하십니까?"와 같은 질문이었다. 마지막 질문은 행인의 기분을 평가하는 것이었다.

실험 결과, 어른들은 하나같이 예의 바른 아이들에게 같이 인사하면서 미소도 지어 보였다. 하지만 아이들이 인사를 하지 않았을 때는 1.8%의 어른만 아이들에게 미소를 지었다. 또 아이들이 인사했을 때는 이들 중 96%가 설문에 응했지만 아이들의 인사를 접하지 못한 경우에는 57%만 설문에 응했다. 설문지와 관련해서는, 아이들이 인사한 경우 어른들은 2020년대의 젊은이들이 결속력이 더 강하고 덜 공격적이며 덜 개인주의적일 것이라고 평가했다. 마지막으로, 아이들에게 인사를 받은 어른들은 인사를 받지 않은 어른들보다 자신의 기분에 대해 평균적으로 더 높게 점수를 매겼다. 이처럼 어린아이들의 예의 바른 말과 행동도 세대 간의 신뢰감에 영향을 미칠 수 있다.

지금까지 우리는 예의가 사회적 교류를 돕는다는 것을 살펴봤다. 그렇다면 무례한 말과 행동은 부정적 효과를 낳을까? 꼭 그렇지만은 않다! 실제로 사람들 중에는 특히 더 무례한 사람들이 있는 것 같다. 보르도 2 대학교의 심리학자 알렉상드르 파스퀴알은 만 21세 청년(실험 협력자)에게 빵집에서 초콜릿 빵을 사게 했다. 청년의 복장은 사회적으로 중간층(청바지, 운동화, 깨끗한 티셔츠), 상류층(정장, 고급 넥타이, 잘 손질한 머리), 하층(지저분한 옷, 면도하지 않은 수염)의 느낌을 주도록 꾸며졌다. 빵집 주인이 계산대에 초콜릿 빵을 올려놓으면 실험 협력자는 돈이 모자란다는 사실을 그제야 알게 된 척했다. 그리고 당황한 표정으로 지갑을 뒤졌다. 공손하게 행동하는 조건에서는 실험 협력자가 "죄송한데 20상팀(초콜릿 빵 가격의 5분의 1에 해당하는 금액)이 부족하네요. 좀 깎아주실 수 있나요?" 하고 물었다. 무례하게 행동하는 조건에서는 돈이 부족하다고 내뱉듯이 말하면서 "그냥 좀 주면 안 돼요?" 하고 덧붙였다.

예의를 지키는 일터: 생산성이 개선되다

연구 팀은 근처에서 빵집 주인의 행동을 몰래 관찰했다. 실험 협력자가 공손할 경우 빵집 주인은 복장과 상관없이 20상팀을 깎아줬다(상류층이나 중간층임을 암시하는 복장을 했을 경우에는 95% 이내, 하층을 암시하는 복장을 했을 경우에는 90% 이내).

실험 참여자가 무례하게 행동할 때는 상황이 달랐다. 이 조건에서 빵집 주인이 돈을 깎아주고 빵을 준 비율은 청년이 옷을 잘 차려입었을 때 85%, 평범한 차림새일 때 67%, 후줄근하거나 지저분한 차림새일 때 55%였다.

이런 식의 상황에서는 빵집 주인의 예측과 손님의 행동 간 일치가 결정적 요인인 것처럼 보인다. 인식적 차원에서 봤을 때 사람들은 사회적 지위가 낮은 사람에게서 무례함을 예측할 가능성이 높다(후줄근하고 더러운 사람은 무례할 것이라는 예상). 이 때문에 빵집 주인은 20상팀을 깎아달라는 요청에 무의식적으로 거절할 준비를 한다. 사회적 지위가 높은 사람에 대해서는 무례함의 예측치가 낮아 인식적 차원에서 거절에 대한 준비가 활성화되지 않는다.

이 사례들을 통해 알 수 있는 사실은, 예의가 사회적 관계를 긍정적인 방향으로 유도한다는 것이다. 그뿐 아니라 예의는 특히 사람들의 기분을 개선시키면서 개인의 내면에도 개입한다. 사소하지만 공손한 행동 하나가 사람의 기분을 변화시킬 수 있을 만큼 예의의 힘은 강하다. 미시간 주립대학교 언론정보학과의 박희선은 사람들을 세 명이나 네 명으로 팀을 짜서 공장 작업실에서 라디오 세트를 조립하게 했다. 조립은 복잡하고 세밀해서 팀 구성원들 간의 협조가 필수적이었다. 라디오를 완성하기 위한 전체 조립 작업은 순차적으로 이루어지는 70개 과정으로 구성돼 있었다. 이 작업은 보통 25분이 필요하지만 실험자는 참여자들에게 20분만 줬다.

팀의 구성원들은 모두 동일한 지시를 받았지만 팀에 따라 작업 조건을 다르게 주었다. '예의' 팀의 경우, 실험 참여자들은 동료를 대하는 방법에 대해 자세한 지시를 받았다. 예를 들어 동료의 도움이 필요할 때는 "방해해서 미안한데 나 좀 도와줄 수 있어?" 또는 "바쁘겠지만 잠깐 이것 좀 봐줄래?"라고 말해야 했다. 또 실험자는 참여자들에게 예의에 대해 여러 차례 설명했다.

다른 실험 조건, 즉 소위 효율 조건에서는 목적을 이룰 수 있는 최상의 방법으로 말하라는 지시를 받았다. 예를 들어 도움이 필요할 때는 간단히 "도와줘!"라고만 말해야 했다. 모든 말을 짧게 하고 불필요한 말을 하지 말아야 했다. 그렇게 하는 목적은 효율을 최대한 올리기 위해서였다.

심리학자 박희선은 실험 참여자 모두에게 동일한 행동지침을 내렸기 때문에 도움이 필요할 때 사용되는 무뚝뚝한 언사에 대해 이들이 감정 상하는 일이 없을 거라고 생각했다. 또한 참여자들은 이것이 자기가 맡은 역할임을 알고 있었기 때문에 지나칠 정도로 공손한 표현들이 큰 효과가 있을 거라고 예상하지도 않았다.

그런데 역할 놀이임에도 불구하고 예의 팀 구성원들은 효율 팀 구성원들보다 작업 만족도가 높았다. 게다가 주어진 시간 안에 더 많은 조립 과정을 끝냈다. 박희선에 따르면, 인위적 예의가 그 자체로 이런 효과를 불러온다는 사실은 자발적 예의가 팀 작업에 매우 중요한 인식적 영향을 미친다는 것을 시사한다.

예의와 기억력

마지막으로, 공손한 말은 기억력에 영향을 미친다. 미국 볼 주립 대학교의 토머스 홀트그레이브스Thomas Holtgraves는 공손함의 정도가 다른 여러 표현을 녹음해서 실험 참여자들에게 들려줬다. 이를테면 "실례지만 문 좀 열어주시겠어요?", "문 좀 열어줄래요?", "문 좀 열어 줘!"와 같은 표현이었다. 그리고 몇 분 뒤 이들에게 두 가지 과제를 줬는데, 방금 들은 말들을 다른 말들 가운데서 식별해내기와 이 말들을 기억해내기였다. 실험 결과, 공손한 표현의 말들이 식별 점수와 기억 점수가 더 높은 것으로 나타났다!

따라서 공손한 말은 정신적 능력의 가동성을 개선시켜 정보를 더 잘 기억하고 상기할 수 있게 해주는 것처럼 보인다. 여기에 대한 가능한 설명을 하자면, 기본적으로 예의는 대화자의 지위와 생각을 얼마간 드러내는 사회적 정보라는 것이다. 우리는 이 사회적 정보를 기억하기 위해 무의식적으로 여기에 인지능력을 상당히 할애하고, 이렇게 가동된 기억력을 이용해 정보를 저장하는 것 아닐까 짐작된다. 이 정보들을 상기하는 것도 그래서 더 수월해지는 것이다.

유혹에서
조종으로

달콤한 사탕발림에 우리는 분별력을 잃는다.
아첨은 사람들을 설득하는 수많은 무기 가운데
하나인데, 우리는 이것을 약간 무의식적으로
사용한다······.

04 | 아첨하라, 그러면 얻을 것이다

아첨의 기술은 간단하면서도 대단히 효과적이다. 별것 아닌 칭찬에 사람들은 물건을 사고 유혹되고 설득당한다. 자기가 가치 있다고 믿는 사람일수록 칭찬하는 말을 듣고 싶어 하기 때문이다.

"정말 예쁘십니다! 너무나요! 진심으로 하는 얘긴데, 깃털만큼 목소리도 곱다면 당신은 이 숲의 동물 중에서 최고일 겁니다."

라퐁텐 우화에서 여우가 까마귀한테서 치즈를 뺏어 먹는 이야기는 아주 유명하다. 여우는 까마귀의 정신, 아니 인간의 정신을 완벽하게 꿰뚫어봤다.

원하는 것을 얻고자 할 때 아첨보다 더 효과적으로 인간을 조종할 수 있는 것은 없다는 사실이 여러 과학 연구를 통해 밝혀지고 있다. 아첨은 쉽게 들킨다고 생각하는 사람도 있을지 모르겠다. 어떤 칭찬들은 속이 뻔히 들여다보여 우리를 속일 수 없다고 말이다. 유감스럽지만, 이것은 나에 대한 달콤한 말을 들을 때의 쾌감을 고려

하지 않은 것이다.

아첨으로 효과를 보기 위해 매번 우화의 이 여우처럼 할 필요는 없다. 몇 마디 말만 저절하게 배치해도 사람들의 행동과 생각을 충분히 바꿀 수 있다. 심리학 실험들은 이것과 관련해서 많은 것을 알려준다. 유타 주립대학교 심리학자 존 사이터John Seiter는 식당 여종업원들에게 주문을 받을 때 "잘 선택하셨어요" 하고 손님을 칭찬하게 했다. 손님 가운데 일부에게는 칭찬을 하지 않았다.

│ 칭찬은 달콤해…

그 결과, 손님이 메뉴를 선택할 때 칭찬하는 말을 한 종업원은 총식사비의 19%에 해당하는 팁을 받았는데, 이것은 평소에 받는 팁보다 15% 증가한 액수였다. 반면에 통제 조건에서는 팁이 총식사비의 16%에 그쳤다. 알다시피 미국에서 팁은 식당 종업원들의 수입에서 큰 부분을 차지한다.

아첨은 항상 이런 효과를 낼까? 존 사이터는 미용실에서도 비슷한 실험을 해봤다. 미용사들은 손님에게 "머리가 아주 예쁘게 나왔어요!"(이 경우에는 미용사 자신에게도 칭찬을 하는 셈이다) 또는 "어떤 헤어스타일을 해도 잘 어울리실 거예요!" 하고 말하라는 지시를 받았다. 역시 이 말들은 둘 다 팁을 현격히 증가시켰다.

심리학자들은 이 간단한 아첨 기술에 한 가지 조언을 덧붙이는데, 효과를 높이려면 조금씩 나눠서 아첨하는 게 좋다는 것이다. 존 사이터는 식당에서 한 테이블에 앉은 일행에게 따로따로 칭찬하면 팁이 점차 줄어든다는 사실을 밝혀냈다. 그에 따르면, 반복되는 칭찬은 상투적으로 거짓말을 한다는 느낌을 준다. 그래서 진실성이 없어 보여 칭찬의 가치가 떨어진다.

사이터는 손님 한 명 한 명에게 "잘 선택하셨어요" 하고 반복해서 말하기보다 일행 모두를 칭찬하라고 조언한다("고맙습니다, 모임 분위기도 좋고 메뉴도 잘 선택하셨네요. 제가 모시게 돼 영광입니다"). 내가 칭찬받은 뒤 옆 사람이 똑같은 말로 칭찬받는 모습을 보면 기분 좋을 사람이 있을까!

아첨은 판매원, 식당 종업원, 미용사 들만 사용하는 무기가 아니다. 이성을 유혹할 때도 아첨은 유용하게 쓰인다. 우리 연구 팀이 길에서 이것을 실험해봤다. 젊은 남자가 혼자 길을 걷는 젊은 여자에게 다가가서 같이 커피를 마시러 가지 않겠냐고 물어봤다. 한 경우에는 단도직입적으로 물었다. 그랬더니 9%의 여자만 수락했다. 그런데 남자가 물어보기 전에 여자에게 매력적이고 옷차림이 세련됐다고 칭찬한 경우에는 22%의 여자가 남자의 요청을 수락했……. 이런 식의 접근 방법은 구태의연해 보이지만, 여전히 놀라울 만큼 효과가 있다. 아첨의 영향력은 너무나 강력해, 조종당하고 있다는 의심이 아첨의 긍정적 효과를 이기지 못한다.

꼬마 아첨꾼

아이들은 매우 어릴 때부터 아첨하는 법을 배운다. 심리학자인 저 장 대학교의 푸 긍예Fu Genye와 토론토 대학교의 이강Lee Kang은 만 3세와 6세 아이들에게 그림을 보여주고 느낀 점을 말해달라고 했다. 누가 그림을 그렸는지도 알려줬는데, 그림 주인은 그들이 모르는 어른, 모르는 아이, 반 친구, 그들의 선생님이었다. 실험 조건에 따라 그림 주인은 아이와 같은 방에 있거나 있지 않았다. 따라서 아이는 각각의 그림을 어떻게 평가할지 스스로 판단해야 했다. 만 3세 아이들은 대체로 그림 주인과 상관없이 그림을 평가했으나, 만 6세 아이들은 그림 주인이 앞에 있을 때, 특히 그 사람이 어른이고 게다가 아는 사람일 때 더 우호적인 평가를 했다.

만 6세가 되면 아이들은 상황에 따라 사람들에게 무슨 말을 해야 유리할지 안다. 상황이 자기한테 중요한 영향을 끼칠 것 같으면(이를테면 앞에 있는 사람이 선생님이라면) 상대를 즐겁게 해주는 게 좋고, 상황이 자기 미래와 별로 상관없으면(그림 주인이 모르는 아이고 방에 같이 있지도 않다면) 아첨이 쓸데없다는 것을 안다.

따라서 상대에 따라 말을 조정하는 전략과, 특히 속으로는 다르게 생각하더라도 겉으로는 상대를 높이 평가해주는 전략은 어릴 때부터 갖춰지는 것처럼 보인다. 그래서 만 6세가 되면 거의 꼬마 아첨 꾼이라고 할 수 있다. 이 심리학자들에 따르면, 아이는 어른들을 관찰하면서 아첨이 어른 세계에서 사용되는 사회적 가치 부여 전략이자 적응 전략이라는 사실을 터득한다.

전화상의 대화에서도 아첨이 효과적일까? 그렇다. 적절한 순간에 칭찬을 슬쩍 끼워넣으면 된다. 한 예로 유타 대학교의 J. 더나이언J. Dunyon 연구 팀은 실내운동기구의 전화 주문 판매원들에게 한 경우에는 손님에게 아첨하고 다른 경우에는 중립적인 태도를 취하게 했다. 아첨에는 여러 유형이 사용되었다. 첫 번째 유형은 대화 도입부에서의 아첨이었다. 판매원은 "우선, 저희에게 전화를 주셔서 감사드립니다. 전화를 주신 걸 보니 고객께서는 건강에 신경을 많이 쓰시네요……" 하고 얘기했다. 두 번째 유형은 더 강화된 아첨이었다. 판매원은 손님이 질문하면 곧바로 칭찬했다. 이를테면 "아주 좋은 질문이에요. 거기에 대해 자세히 설명드리자면……" 하고 얘기했다.

실험 결과, 아첨하지 않은 경우 손님의 상품 구매 총액은 평균 335달러였다. 그러나 대화 도입부에서 아첨한 경우에는 463달러였고, 강화된 아첨을 한 경우에는 구매 총액이 662달러까지 올라갔다. 이처럼 칭찬은 주문 전화 판매량을 두 배까지 올려 많은 수익을 창출할 수 있다. 연구자들이 주문 내용을 자세히 분석해보니, 칭찬 덕분에 판매원들은 손님들에게 운동기구에 딸린 부속 용품까지 많이 팔 수 있었는데, 이것이 전체 주문량을 증가시킨 것으로 밝혀졌다.

사람을 조종하는 기술

말을 하지 않고도 아첨할 수 있을까? 켄트 주립대학교의 클라이드 헨드릭Clyde Hendrick 연구 팀은 이것을 알아내고자 했다. 연구의 표적은 한 도시의 주민들에게 집으로 배달된 설문지를 작성하도록 유도하는 것이었다. 한 경우는 사람들에게 통계학적 정보만 요구했고(나이, 키, 결혼 여부, 학력, 도시 복지 등), 다른 경우는 환경과 개인의 심리 상태, 지역 분위기를 개선할 방법과 관련해 많은 질문을 했다. 주민들은 첫 번째 경우에는 24개의 질문으로 구성된 한 장의 설문지를 받았고, 두 번째 경우에는 182개의 질문으로 구성된 일곱 장의 설문지를 받았다.

편지도 동봉했는데, 받는 사람을 칭찬하는 긍정적인 형용사들이

경우에 따라 편지글에 포함됐다. 이 형용사들과 상관없이 편지 내용은 동일했다. 예를 들어 가치 부여 형용사가 사용되지 않은 편지는 "당신의 기여는 사회과학의 발전에 유익하게 쓰일 것입니다"와 같은 식이었고, 은근한 아첨이 들어간 편지는 "당신의 관대한 기여는 사회과학의 발전에 유익하게 쓰일 것입니다"와 같은 식이었다.

다양한 형용사(호의, 배려, 관대함, 친절, 온정 등)가 편지글 여기저기에 흩어져 배치됐다. 그 결과, 짧은 설문지(1쪽, 24개 질문)를 받은 사람들의 경우에는 아첨이 특별한 효과를 내지 못해 아첨의 형용사가 있든 없든 응답률이 26%에 근접했다. 그와 반대로 182개 질문으로 이루어진 긴 설문지의 경우에는, 아첨이 들어갔을 때는 응답률이 29%였지만 아첨이 들어가지 않았을 때는 10%에 불과했다.

한마디로, 어려운 과제일수록 아첨의 효과는 높다. 이 심리학자들에 따르면, 편지에 적힌 가치 부여 형용사들은 편지를 읽는 사람에게 긍정적인 자기 인식을 활성화시켰을 가능성이 높다. 편지가 암암리에 자신을 관대하고 호의적이며 친절한 사람으로 생각하도록 유도했다는 뜻이다. 이렇게 '조건화'된 사람은 이 묵시적 개념에 일치하는 행동을 한다(이 경우에는, 타인을 돕기 위해 자기 시간을 할애해 긴 설문지를 작성한다). 이렇게 행동함으로써 자신에게 부여된 수식어들이 실제 자기 모습이라는 사실을 증명하는 것이다.

짧은 설문지를 작성하는 일은 누구나 할 수 있을 만큼 쉽기 때문에 아첨의 형용사들이 편지를 읽는 사람의 마음을 움직이지 못한다. 우리는 일상적이고 특별한 희생이 따르지 않는 사소한 행동에 대해서는 칭찬받지 않는 것을 당연하게 여긴다. 비범한 사람만이 특별한 일을 하는 법. 아첨하는 글을 읽은 사람들이 182개의 질문에 성실하게 응답한 이유는 바로 이 때문이었을 것이다.

에고라는 함정

상대방에게 좋은 인상을 주고 여러분을 확실히 기억하게 만드는 데도 아첨은 중요한 수단이다. 시카고 대학교의 아룹 바르나Arup Varna 연구 팀은 직업 연수 과정에 지원한 대학생들이 자기소개서에 "교수님의 저작들을 읽고 깊은 감명을 받았습니다" 또는 "교수님의 논문들은 제게 큰 영감을 주었습니다"와 같은 아첨을 포함시켰을 때 더 뚜렷한 인상을 남길 수 있다는 것을 밝혀냈다. 조잡한 방법처럼 보이지만, 아첨이 포함된 자기소개서를 읽는 사람들은 여기에 민감하게 반응해 이 지원자들에게 주의를 기울이고 이들의 이름을 일반적으로 더 잘 기억한다.

그렇다면 모든 사람이 아첨에 예민할까? 자신을 높이 평가하는 사람들이 칭찬에 훨씬 예민하고, 그래서 아첨에 더 취약한 것처럼 보인다. 이것은 영국 레스터 대학교의 심리학자 앤드루 콜먼Andrew Colman과 케빈 올버Kevin Olver가 밝혀낸 사실이다. 이 연구에서 대학생들은 방에 들어가 여러 가지 주제(친구, 일, 학업 등)로 질문을 받았다. 실험자는 학생들에게, 그들이 투과성 거울을 통해 관찰되고 있으며 관찰자들이 그들의 말과 행동을 평가한다는 것을 미리 알려줬다. 관찰자들은 경우에 따라 아첨이 섞인 평가(이 사람과 같이 대화를 나눠보고 싶다, 이 사람은 나중에 성공할 것이다 등)나 중립적인 평가(이 사람은 자기에게 주어진 일을 했다, 이 사람은 미래에 특별한 난관을 만나지 않을 것이다 등)를 했다.

이 심리학자들에 따르면, 평가에 대한 학생들의 반응은 대조적이었다. 학생들 가운데 일부는 관찰자들이 아첨 섞인 평가를 하든 중립적인 평가를 하든 관심이 없었고, 일부는 거기에 민감하게 반응해 아첨 섞인 평가를 한 사람을 매우 긍정적으로 생각했다. 결과를 더 자세히 분석해보기 위해 심리학자들은 설문지를 이용해 실험 참여자들의 자존감을 측정했다(자존감이 높은 학생들은 '나는 내 할 일을 잘한다' 또는 '내 주변 사람들은 나를 좋게 평가한다'와 같은 항목에 자기가 해당한다고 생각한다. 반면에 자존감이 낮은 학생들은 '주변 사람 중에 나를 호의적으로 생각하지 않는 사람이 많은 것 같다' 또는 '사람들과 같이 있으면 종종 마음이 불편하다'와 같은 말에 자기가 해당한다고 생각한다).

분석 결과, 자존감이 높은 학생들은 아첨 섞인 평가를 한 관찰자들을 매우 긍정적으로 생각했고, 자존감이 낮은 학생들은 아첨 섞인 평가를 한 관찰자들을 중립적인 평가를 한 관찰자들보다 부정적으로 인식했다.

아첨과 자존감

이 심리학자들에 따르면, 자존감이 높은 학생들은 자존감을 강화해주는 견해를 자연스레 찾게 된다. 자기한테 아첨하는 사람을 모두 호의적으로 인식하는 것이다. 반대로 자존감이 낮은 학생들은 사람들이 자기를 제대로 파악하지 못해서 또는 자기를 속이려고 아첨한다고 생각한다. 이들은 종종 "그 사람은 내가 진짜 어떤 인간인지 몰라" 또는 "그 사람은 나를 기분 좋게 해주려고 그렇게 얘기하지만 실은 진실을 보지 못하고 있어"라고 단언한다.

따라서 아첨을 하려면 이러한 개인차를 고려해야 한다. 자존감이 낮은 사람은 과도한 아첨을 싫어한다. 심지어 심리치료를 하는 경우에도 자존감이 지나치게 낮은 사람에게는 과도한 칭찬을 피해야 한다. 자칫하면 비현실적이고 조종하는 것처럼 보일 위험이 있기 때문이다. 이와 반대로 자존감이 지나치게 높은 사람(특히 지도자, 사장, 인기 연예인 등)은 아첨을 하면 즐거워한다. 유치하기 짝이 없는 칭찬도 잘 먹힐 수 있다! 우쭐대는 사람보다 아첨에 예민한 사람은 없다…….

05 | 유머와 유혹의 관계

심리학자들에 따르면, 남자가 여자를 유혹하고 싶다면 웃겨야 한다.
반대로 여자가 남자의 환심을 사고 싶다면 남자의 농담에 웃어주되
본인이 농담을 해서는 안 된다!

여자가 웃으면 반은 넘어온다는 말이 있다. 남자가 여자를 정복하
려면 웃게 만들어야 한다는 생각은 연애의 역사만큼이나 오래됐다.
그런데 실제로 그럴까? 최근 몇 년간 발표된 웃음과 유머에 관한 연
구를 보면, 유머가 많은 남자가 유리한 것 같긴 하다. 하지만 주의할
점은, 유혹과 사랑에서 남자와 여자의 역할은 상당히 성차별적인 것
처럼 보인다는 것이다. 즉 남자는 유머를 생산하고 여자는 웃음을
생산한다.

　최근에 나온 많은 실험심리학 연구는 여자가 유머를 좋아하고
곧잘 거기에 넘어간다는 사실을 뒷받침해준다. 한 예로 미국 웨스
트필드 주립대학교의 에릭 브레슬러Eric Bressler와 캐나다 맥매스터

대학교의 시걸 볼샤인Sigal Balshine은 여자들이 재치 있는 남자들을 더 인정한다는 사실을 밝혀냈다. 이 연구자들은 여자 대학생들에게 남자들의 사진을 보여주면서 남자들이 자신을 소개한 글도 같이 제시했다. 글은 유머가 있는 경우와 중립적인 경우로 나뉘었다. 여학생들은 지능·사회성·연애 상대로서의 매력과 관련해 이들을 평가했다. 어떤 결과가 나왔을까? 여자들은 사진 속의 동일한 남자가 재치 있게 자기를 소개했을 때 그를 더 똑똑하고 사교적이며 매력적이라고 평가했다.

남자의 유머에 대한 다른 결과도 있다. 독일 빈에 있는 행동학연구소의 미국인 심리학자 리앤 레닝어Lee-Ann Renninger는 술집에서 여자에게 말을 거는 데 성공한 남자들의 행동을 관찰했다. 이런 남자들은 남자들 무리에서 중심적인 위치에 있었다. 다시 말해 이들은 친구들의 관심을 집중시키고 웃음을 터뜨리게 하는 특별한 자질을 지니고 있었다. 레닝어에 따르면, 유머 감각은 남자를 더 매력적으로 만들어주는 특성이다. 그래서 여자는 이런 남자에게 긍정적 신호를 보내고, 남자는 이 신호를 해독해 여자에게 다가가는 것이다.

위의 두 연구는 이성 간의 사회적 상호작용 차원에서 유머의 긍정적 효과를 보여주는데, 주의할 점은 유머가 종종 부메랑 효과*를 초래할 수 있다는 사실이다.

---

* 어떤 행위가 의도한 목적을 벗어나 불리한 결과를 초래하는 것 — 옮긴이.

성차별적 유머

실제로 에릭 브레슬러는 유머의 생산성과 수용성을 구별해야 하고 유머에서 남녀의 역할이 나뉘어 있다는 것을 확인했다. 여자들은 남자들에게 유머를 요구하지만 남자들은 유머 있는 여자들에게 끌리지 않는다는 사실을 밝혀낸 것이다.

이 실험 결과는 기혼 남녀를 대상으로 행해진 다른 연구를 통해서도 확인되었다. 이스라엘 텔아비브 대학교의 심리학자 아브너 지브Avner Ziv가 확인한 바에 따르면, 기혼 남자들은 자기가 아내보다 농담을 더 많이 한다고 진술한다. 이 점에 대해 기혼 여자들도 남자가 유머의 주된 생산자이며 자신은 유머를 받아주는 수용자임을 인정한다. 독일 빈에 있는 행동학연구소의 카를 그라머Karl Grammer는 여자의 웃음은 여자가 유혹됐음을 뜻하기도 하지만 남자를 유혹할 수 있는 여자의 능력을 강화하기도 한다는 사실을 확인했다!

미국 웹스터 대학교의 모니카 무어Monica Moore는 독신자들이 많이 찾는 술집에서 연구를 진행했다. 무어는 남자들이 특히 많이 접근하는 여자들의 행동을 세심하게 관찰했다. 그 결과, 다른 여자들보다 더 잘 웃는 여자들이 남자를 유인하는 확률이 훨씬 높은 것으로 확인됐다.

이와 반대로 여자 자신이 유머를 사용할 경우에는 남자를 유혹할 확률이 낮은 것처럼 보인다. 이것은 매우 사소한 행동에서도 드러난다. 한 예로 우리 연구 팀은 자동차 운전자 1,600명을 대상으로 실험을 했다. 우리는 남자와 여자 각 한 명에게 목적지가 적힌 판을 들고 차를 잡게 했다. 경우에 따라 판에는 스마일이 그려져 있기도 하고 그려져 있지 않기도 했다. 그 결과 스마일이 남자들에게는 도움이 됐지만(더 많은 운전자가 차를 멈췄다) 여자들의 경우에는 차를 멈추는 운전자의 수가 절반으로 줄었다(특히 남자 운전자의 경우). 이 결과는 다른 연구들에서도 확인했다. 다시 말해 여자들이 유머를 발휘할 때 남자들이 꼭 그것을 반기는 것은 아니다.

더 나아가 유머는 관계를 장기간 유지시켜주는 요소다. 미국 코네티컷 대학교의 버나드 머스타인Bernard Murstein은 동거한 지 얼마 되지 않은 남녀 대학생들을 대상으로 실험했다. 우선 이들의 유머 수준을 확인하기 위해 이들에게 웃긴 이야기를 들려주고 평가하게 했다. 그리고 동거하는 상대와 유머를 주고받는 빈도와 각자의 유머 감각도 측정했다. 이렇게 실험해본 결과, 유머를 재미있게 들어주는 여자와 사는 유머 많은 남자가 결혼 의사를 더 많이 표명하는 것으로 나타났다.

일단 남녀 사이에 관계가 맺어지면 유머는 부부생활의 질을 보여주는 지표가 되는 것 같다. 한 예로 런던 대학교 심리학과의 존 러스트John Rust와 제프리 골드스타인Jeffrey Goldstein은 성관계를 포함해 부부관계에 어려움을 겪는 남녀 집단을 더 포괄적인 심리 문제로 힘들어하는 남녀 집단과 비교했다. 그 결과, 첫 번째 집단은 두 번째 집단보다 부부 사이에 유머를 즐기는 수준이 낮은 것으로 나타났다. 게다가 두 집단 모두 만족스러운 부부생활과 유머의 향유 사이에 긴밀한 연관성을 보였다.

유머의 (숨은) 의미

유머가 애정 관계에서 왜 이렇게 중요할까? 이 분야 전문가들은 남녀 관계의 본질과 특히 남녀의 서로 다른 역할에 근거해서 다양한 이론을 제시하고 있다. 진화론자들은 유머가 지능과 창의성 같은 인지능력과 연관 있다고 본다. 지금까지 이루어진 모든 연구에 따르면, 지능과 창의성은 여자들이 남자들에게서 찾는 자질임이 분명하다. 우리 사회에서는 지적이고 창의적인 사람들에게 책임과 권력이 더 많이 부여되기 때문이다. 통계상으로 봤을 때 이런 사람들의 사회적 지위와 물질적 자산은 우월하고, 이것들은 자녀의 교육을 보장해주는 중요한 요소다. 남자들은 여자의 신체적인 면을 보는 반면에 여자들은 남자의 수입과 사회적 지위에 민감하다. 여자들이 남자의 유머 자질에 민감한 이유는 이것이 이런 능력들을 드러내주기 때문일 것이다.

남자로 말하자면, 자신의 재기발랄함, 지배력, 인간적 가치를 꿰뚫어볼 유머 수용자를 찾는다. 남자들이 유머 있는 여자들을 덜 좋아하는 이유도 이것으로 설명될 수 있다. 여자에게 유머가 있다는 것은 지배관계가 전도됐음을 뜻하고, 이것은 남자를 불쾌하게 만든다. 유머는 유혹의 문제인 만큼이나 권력과 지배의 문제일 수 있다.

06 | 설득의 요령

심리학자들은 설득력을 높일 수 있는 몇 가지 비법을 발견했다.
전문가의 말을 인용하고, 대화자를 유심히 관찰해 비슷하게
행동하며, 말의 속도를 조절하는 것이다.

누가, 무엇을, 어떤 경로로, 누구에게, 어떤 태도로 말하는가? 미국
의 정치학자이자 정신의학자인 해럴드 라스웰Harold Lasswell이 제안
한 이 의사소통 모델은, 메시지 발신자와 수신자 사이 상호작용에
대한 학문적 연구를 토대로 한 최초의 설득 체계 규칙 가운데 하나
다. 라스웰의 모델은 메시지 수신자의 특성(특히 그의 심리적·사회적
특성), 수신자와 발신자가 맺는 관계의 특성, 메시지 상황의 특성을
충분히 고려하지 않았다는 점에서 비판을 받았다. 그러나 라스웰의
기본 생각은 연구자들에게 이 특성들을 연구하게 만든 계기가 되었
다. 현재 알려진 바로는, 한 개인의 견해나 태도 또는 행동은 발화자
의 신체적·정신적·사회적 특성, 사용된 의사소통 수단의 유형, 대

화자에 의해 영향을 받는다. 그렇지만 주도권은 여전히 메시지 제공자가 쥐고 있다.

자기 생각과 관점에 대화자가 동조하게 하는 데 무엇보다 중요한 것은, 믿을 만한 정보원으로 보여야 한다는 점이다. 여기에서 관건은 신뢰성이며, 이것은 결정적인 역할을 할 수 있다. 이 주제와 관련해서는 미국 예일 대학교 심리학자 칼 호블랜드Carl Hovland (1912~1961)의 실험들이 가장 유명하다. 그중 한 연구에서 호블랜드는 두 집단에 동일한 정보를 제시했다. 한 집단에서는 메시지 제공자가 신뢰할 만한 정보원(그 분야 전문가)이고 다른 집단에서는 언뜻 보기에도 전혀 신뢰가 가지 않는 사람이었다.

신뢰성을 높여라

예를 들면 핵잠수함 건설의 기술적 가능성을 주장하는 글을 주면서, 한 경우에는 글의 저자가 원자폭탄의 아버지인 로버트 오펜하이머Robert Oppenheimer라 하고, 다른 경우에는 구소련 공산당 기관지인『프라우다Pravda』의 기자라고 했다(실험은 냉전이 한창이던 1950년에 이루어졌다). 실험 참여자들은 글을 읽기 전과 읽은 후에 핵잠수함의 제조 가능성에 대해 자신의 견해를 밝혔다. 신뢰성이 거의 없는 정보원이 정보를 제공한 경우에는 견해의 변화가 전혀 관찰되지 않았다. 실험 참여자의 원래 견해가 글의 논점과 배치되는 것이었을 때는 그 견해가 더 강화되는 경우도 많았다. 그러나 정보원이 신뢰할 만하다고 판단되었을 때는 참여자들의 견해가 글이 주장하는 쪽으로 상당히 기울었다. 여기서 알 수 있듯이, 메시지와 별개로 메시지 전달자에 대한 정보는 메시지의 타당성을 평가하는 데 영향을 끼친다.

대화자를 설득하기 위해 어떤 주장을 펼치려고 할 때 비빌 언덕이 있으면 실제로 유리하다. 언론매체를 통해 대중에게 말하는 경우라면 학위나 저술에 근거해서 자신을 전문가로 소개하고, 파티에서 이런저런 주제로 대화를 나누는 경우라면 그 주제를 잘 아는 사람들과의 친분을 교묘하게 전달한다. 둘 다 여의치 않을 때는 유명한 정보원들을 인용하면 효과적이다. 그 정보원은 사람들이 많이 접하는 유명인일 수도 있고, 방송에서 해당 정보를 소개한 사람일 수도 있다.

설득의 이런 측면을 가리켜 정보원 효과라고 한다. 그러나 여기에는 몇 가지 한계가 있는데, 무엇보다 그 영향력이 오래 지속되지 못한다는 점이다. 실제로 실험 참여자들은 몇 주 지나면 원래 견해로 돌아간다. 다시 말해 진정 효과가 나타난다. 시간이 지나면서 자기가 동조했던 주장을 잊어버리고, 그 주장에 영향을 줬던 정보원에 대한 신뢰성도 사라지는 것이다. 실험 참여자들은 두 집단 모두 원래 견해로 돌아간다. 이것을 막기 위해서는 이들에게 정보원의 이름(오펜하이머와 『프라우다』)을 상기시키는 것으로 충분하다. 그러면 즉시 두 집단 간에 다시 견해 차이가 나타난다.

기본적으로 우리는 어떤 조건에서 우리의 믿음이나 견해를 포기하고 타인의 믿음이나 견해를 받아들일까? 타인이 우리와 비슷한 사람일 때 더 그런 경향이 있다는 것이 많은 연구자의 생각이다. 당연히 그럴 것 같다. 우리와 아주 닮은 사람이 어떤 생각을 표명할 때 우리는 그 생각을 배척하기 어렵다. 왜냐하면 우리는 본성적으로 그 사람 자체를 배척하기 어렵기 때문이다……

설득하고 싶다면 닮아라

한 예로 미국의 심리학자 조앤 캔터Joanne Cantor가 이끄는 위스콘신 대학교 연구 팀이 1975년에 진행한 실험이 있다. 이들은 여자 대학생들에게 피임을 권장하는 글을 읽게 했다. 한 경우는 저자가 학생들과 같은 나이의 만 20세 여자(유사한 상황)였고 다른 경우는 39세 여자(유사성이 낮은 조건)였다. 메시지를 접한 뒤 학생들은 피임에 대한 찬반을 결정했다. 그 결과, 실험 참여자들은 동일한 주장을 유사성이 낮은 정보원이 했을 때보다 유사성이 높은 정보원이 했을 때 그 주장에 더 수용적인 것으로 밝혀졌다. 한편 대화자가 우리를 자기와 비슷한 사람이라고 생각할 경우에도 유사성의 느낌이 활성

화될 수 있다. 특히 대화자가 조언을 구하는 경우라면 더 그렇다.

미국 오하이오 대학교의 티머시 브록Timothy Brock은 공구 상가의 페인트 진열대에서 손님들에게 조언을 해주는 직원이 되어 흥미로운 실험을 했다. 손님이 조언을 구하면 그는 두 가지 유형으로 대답했다. 유사성 조건에서는, 자기가 페인트에 관해 잘 모르지만 손님과 비슷한 작업을 해본 적이 있고 그때 구입했던 상품이라며 특정 페인트를 소개했다. 다른 조건에서는, 자기가 페인트에 관해 잘 알고 있으며 특정 상품을 과거에 여러 차례 구입한 적이 있다고 말했다. 유사성 조건에서는 손님 가운데 64%가 그 상품을 구입한 반면에, 다른 조건에서는 39%만 그것을 구입했다.

유사한 느낌을 불러일으키면서 설득력을 높이는 또 다른 방법은 상대방의 언어적·비언어적 행동을 따라 하는 것이다. 예를 들어 대화자가 말하면서 뺨을 긁는다거나 특정 어휘를 반복할 경우 그 행동을 따라 하면 상당히 도움이 된다. 그렇게 하면 설득력이 강해지기 때문이다.

프랑스 퐁텐블로에 위치한 경영대학원 INSEAD의 윌리엄스 매덕스Williams Maddux 연구 팀은 경제 통상을 전공하는 학생들에게 판매자와 구매자로서 모의협상을 하게 했는데, 의견 차이가 매우 커서 협상이 상당히 어려운 상황이었다. 실험자들은 학생들에게 일정한 시간 동안 협상을 하게 한 뒤, 최종적으로 의견 합의를 봤는지(가격에 합의해서 판매가 결정됐는지) 조사했다. 평가된 실험 조건들은 모방, 어조, 표정이었다.

이 연구자들은 모방의 중요성을 알아보기 위해 학생들에게 대화자를 흉내 내게 했다. 실험 조건에 따라, 흉내 내는 사람은 구매자인 경우도 있었고 판매자인 경우도 있었다. 통제 조건에서는 두 참가자 누구도 상대를 흉내 내지 않았다. 판매자에 대한 구매자의 신뢰도도 측정했다. 실험 결과, 둘 중 한 명이 상대를 모방한 쌍은 67%가 협상 시간 내 합의에 성공했고, 모방이 없었던 쌍에서는 12.5%만 합의에 성공했다. 게다가 판매자에 대한 신뢰도는 비모방 조건에서보다 모방 조건에서 더 높았다.

모방의 힘은 매우 강력해 가상 대화자(컴퓨터 화면상의 만화 인물)와 상호작용하는 상황에서도 영향을 끼칠 수 있다. 미국 스탠퍼드 대학교의 제러미 베일렌슨Jeremy Bailenson과 닉 이Nick Yee는 사람들에게 가상 직원이 전달하는 영상 메시지를 시청하게 했다. 영상 속의 인물은 사전에 녹화된 제3자의 행동을 그림으로 옮긴 경우와 영상을 시청하는 피실험자의 움직임을 약간 시차를 두고 재현한 경우로 나뉘었다. 연구자들은 시청자의 움직임을 재현하기 위해 피실험자의 머리 위쪽에 카메라를 설치해 그의 움직임을 찍었다. 가상 직원이 메시지를 전달한 뒤 피실험자는 그 메시지가 얼마나 설득력 있었는지 평가했다. 그 결과, 피실험자들은 자신의 움직임을 재현한 가상 직원을 제3자의 움직임을 재현한 가상 직원보다 더 긍정적으로 판단했고, 메시지에 대한 동조도 전자의 경우가 더 많은 것으로 확인됐다.

지금까지 살펴본 대로, 단순히 대화자를 모방하기만 해도 설득력과 영향력이 강화된다. 심리학자들에 따르면, 모방은 상대방의 이미지를 가장 긍정적으로 활성화시키기 때문이다. 상대방은 모방을 통해 우리를 그대로 비춰주기 때문에 상대방의 이미지는 곧 우리의 이미지다. 일단 이렇게 활성화되면 우리는 대화자가 요구하는 것을 더 긍정적으로 받아들인다. 사람은 자기 자신의 요구를 절대 거부할 수 없는 법이다.

좋은 의사소통을 위해 전문가의 느낌과 유사성의 느낌은 필요한 요소지만, 설득과 관련해서 그 밖의 다른 요소들도 상당히 중요하다. 한 예로, 빠른 속도로 말하는 것도 도움이 되는 것으로 보인다. 미국 캘리포니아 대학교의 노먼 밀러Norman Miller 연구 팀은 로스앤젤레스 주민들에게 카페인 과용 방지 대책 등의 내용을 담은 녹음 메시지를 들려줬다. 연설자의 발화는 1분당 190단어와 110단어였다. 사람들은 연설자의 말이 빠를 때 그를 더 지적이고 객관적이며 그 주제에 관해서 더 잘 아는 사람으로 인지했다. 이 결과는 다른 연구에 의해서도 다시 확인됐다. 그 연구가 입증한 바에 따르면, 텔레비전이나 라디오 광고는 메시지 속도가 빠를 때 더 적합하고 진실한 것으로 판단된다.

설득하고 싶다면 빠르게 말하라

미국 호프 대학의 데이비드 마이어스David Myers는 전 미국 대통령 존 F. 케네디John F. Kennedy가 종종 1분당 거의 300단어의 속도로 말했다고 보고한다. 빠르게 말하고, 자세와 비언어적 행동도 그에 맞추는 것이 좋다. 미국 애리조나 대학교 언론정보학과 교수인 주디 버군Judee Burgoon에 따르면, 몇 가지 비언어적 행동은 발화자에 대한 신뢰성을 강화해 의사소통을 촉진한다. 이를테면 주장을 강하게 펼치면서 동시에 대화자의 눈을 쳐다보며 손가락으로 구두점을 찍는 듯한 행동을 반복하는 것(녹화 영상에서 아돌프 히틀러가 종종 이런 행동을 하는 것을 볼 수 있다)은 발화자에 대한 신뢰성을 증가시키고 대화자의 의견을 바꾸는 데 도움이 된다.

오하이오 대학교의 리처드 페티Richard Petty는 판매자가 의자에 앉아 제품(만년필)을 소개하는 영상 광고를 피실험자들에게 보여줬다. 한 조건에서는 판매자가 가끔 미소를 지으면서 의자에서 몸을 움직였고 시선은 카메라 위쪽으로 향한 채 정면을 바라보지 않았다. 다른 조건에서는 판매자가 의자에 똑바로 앉아서 움직이지 않았고 광고 내내 카메라를 쳐다보며 계속 미소를 지었다. 피실험자들은 판매자와 그의 주장에 대해 두 번째 조건에서 더 긍정적인 평가를 내렸으며 구매 의사도 이 조건에서 더 높게 나타났다.

발화자의 얼굴 표정도 중요한 영향을 끼치는 것으로 보인다. 미국 시러큐스 대학교의 브라이언 멀린Brian Mullen 연구 팀은 로널드 레이건Ronald Reagan이 대통령으로 당선됐던 1984년 미국 대통령 선거에서 텔레비전 방송 진행자들이 끼친 영향력을 연구했다. 미국의 주요 3대 방송사(ABC, NBC, CBS)가 비교 대상이었다. 이 연구자들은 진행자들 가운데 유독 ABC의 진행자가 로널드 레이건 후보에 대해 말할 때 더 자주 미소를 짓는 것을 관찰했다. 이 진행자는 레이건 후보의 경쟁자였던 월터 먼데일Walter Mondale 후보에 대해서 말할 때는 그보다 적게 미소를 지었다. 선거가 끝난 뒤 전국적으로 대규모 전화 조사를 한 결과, ABC 시청자들이 다른 두 방송사 시청자들보다 로널드 레이건에게 더 많이 투표한 것으로 드러났다. 연구자들에 따르면, 단순한 상황적 조합이 만들어낸 효과 때문에 진행자의 미소는 그 순간 언급되는 후보자에 대해 더 긍정적인 인식을 유도했을 가능성이 있다. 이렇게 활성화된 긍정적 인식은 시청자들이 로널드 레이건에게 투표하는 데 영향을 줬을 것이다.

지금까지 살펴봤듯이, 말하는 사람은 그가 전달하는 메시지와 별개로 듣는 사람의 견해와 행동을 바꿀 수 있다. 오늘날 의사소통은 하나의 기술이며, 우리도 이것을 습득하면 웅변가가 될 수 있다. 설득력은 영향력의 여러 기법을 통해 강화할 수 있기 때문이다. 게다가 설득하고자 하는 열정까지 있다면 이미 반은 성공한 셈이다!

07 음악은 어떻게 우리를 조종하는가

공격적인 랩을 듣느냐, 낭만적인 발라드를 듣느냐, 아니면 평화를
노래하는 팝송을 듣느냐에 따라 여러분의 행동이 달라진다.
장소가 어디가 됐든.

> "시민을 통제하고 싶다면 그들이 듣는 음악부터 통제하라."
> 플라톤

"붕대랑 유모차나 구해놓지 그래, 네 코를 박살 내서 애로 만들 거거
든." 2013년에 프랑스의 래퍼 오렐상Orelsan은 이 가사를 포함해 여
러 곡의 가사 때문에 여성에 대한 모욕과 폭력 조장으로 1,000유로
의 벌금형을 선고받았다. 그리고 2년 반 뒤 무죄를 선고받았다. 그
러나 그 가사들이 일부 남성에게 폭력과 여성 혐오를 부추긴다는
주장에 대해서는 논쟁이 계속되고 있다.

이와 비슷한 사건은 더 있다. 샤를리 에브도Charlie Hebdo 테러*가
발생한 뒤 래퍼 네크피Nekfeu가 "샤를리 에브도의 그 개들을 화형하

---

* 프랑스의 대표적인 풍자 주간지. 이슬람교를 풍자했다는 이유로 2015년 1월 테러범들
 이 잡지사를 공격해 12명이 사망하고 11명이 부상을 당했다 — 옮긴이.

라"라는 노래 가사로 격렬한 비난을 받았던 일도 그중 하나다. 테러가 있기 한 주 전 메딘Médine이라는 래퍼는 세속주의자들을 십자가에 매달라고 주장하는 뮤직비디오를 인터넷에 올리기도 했다. 따라서 문제는, 이와 같은 선동이 폭력 행위를 부추길 수 있는지 밝히는 것이다.

실제로 심리학자들은 음악이 행동에 끼치는 영향을 밝히기 위해 오래전부터 실험을 해왔다. 처음에는 노래의 선율에 초점을 맞췄다. 그러다가 점차 가사를 주목하기 시작했다. 연구 영역은 광범위하다. 음악에서는 행복, 고독, 전쟁, 인종 차별, 경제, 일, 우정 등 어떤 주제도 다룰 수 있기 때문이다. 또 노래 내용은 특정한 시기에 특정한 문화에서 형성되는 공동체·정치인·개인의 관심사를 종종 반영하는데, 이것은 연구를 통해 확인된 사실이다.

노래가 끼치는 무의식적 영향

미국 녹스 대학의 존 매스트John Mast와 프랑크 매캔드루Franck McAndrew는 2011년에 간단하면서도 교묘한 실험을 기획해, 음악이 폭력을 부추기는 문제를 연구했다. 이 실험에서 대학생들은 두 집단으로 나뉘어 헤비메탈 노래를 들었다. 첫 번째 집단의 학생들은 폭력을 찬양하는 노래를 들었고 두 번째 집단은 폭력과 무관한 노래를 들었다(세 번째 표준 집단은 음악을 듣지 않고 조용히 앉아 있었다). 이렇게 해서 동일한 음악 유형에서 가사의 선별적 효과를 측정한 것이다.

여기에는 공격성을 측정하는 실험심리학의 전형적 검사가 사용됐다. 실험 참여자들은 매운 소스가 든 작은 병을 받았는데 물컵에 자기가 원하는 만큼 소스를 따를 수 있었다. 상대방은 반드시 이것을 마셔야 했다. 즉 물컵에 따른 소스의 양은 학생들의 공격성을 측정하는 척도였다. 실험 결과, 폭력적 가사의 노래를 들은 젊은이들은 그렇지 않은 노래를 들은 젊은이들이나 조용히 앉아 있던 젊은이들보다 소스를 훨씬 더 많이 부은 것으로 밝혀졌다. 주목할 만한 사실은, 두 번째와 세 번째 집단 사이에는 차이가 없었다는 점이다. 따라서 음악 자체는 문제가 되지 않으며, 책임은 가사에 있다.

술, 섹스, 폭력

가사의 효과에 주목한 연구는 이외에도 더 있다. 미국 켄트 주립대학교의 크리스티 배런건Christy Barongan과 고든 나가야마 홀Gordon Nagayama Hall 연구 팀은 여성에 대한 폭력을 조장하는 대단히 우려스러운 효과를 관찰했다. 이 심리학자들은 여성을 성적 대상으로 취급하는 모욕적 표현이 들어 있는 랩과 그렇지 않은 랩을 젊은 남자들에게 들려줬다. 실험 참여자들은 이어서 영화 세 편을 2분씩 봤는데, 여자 한 명이 남자 한 명과 토론하는 장면, 한 여자가 남자 여러 명에게 강간당하는 장면, 한 여자가 옷을 반쯤 벗은 채 다른 사람들이 보는 앞에서 한 남자에게 폭행과 모욕을 당하는 장면이었다.

세 편의 영화를 다 본 뒤 젊은 여자에게 영화를 보여주고 토론한다면 어떤 영화를 선택하겠느냐고 물었더니, 여성 혐오적인 랩을 들은 피실험자 가운데 30%가 반쯤 벗은 여자가 공개적으로 모욕과 폭행을 당하는 영상을 선택했고, 그렇지 않은 랩을 들은 젊은이들은 7%만 이 영상을 선택했다. 강간 영상을 선택한 사람은 없었다.

캘리포니아 대학교 버클리 캠퍼스의 데니즈 허드Denise Herd 등의 연구자들은 술 소비를 부추기는 노래에 관심을 가졌다. 여기서도 랩이 주로 연구됐는데, 보스턴 대학교 공중보건대학원의 마이클 시걸Michael Siegel이 집계한 바에 따르면 2010년대 이후 어번 뮤직(랩과 힙합)의 38%가 술을 거론하는 데 반해, 록은 7%, 팝송은 1%만 술을 거론하기 때문이다. 데니즈 허드는 랩에서 술이라는 주제가 30년 동안 어떻게 변화했는지 살펴봤는데, 술을 언급하는 랩의 비율이 1979년에서 2009년 사이 12%에서 63%로 급격히 상승했다는 사실을 알아냈다. 술과 관련된 표현도 마찬가지로 급격하게 증가했다.

노래는 술 소비에 어떻게 영향을 끼칠까? 또 한 명의 심리학자인 네덜란드 라트바우트 대학교의 뤼트허르 엔헐스Rutger Engels는 여러 곳의 술집 직원에게 술을 노골적으로 언급하는 어번 뮤직을 매일

두 시간씩 틀게 했다. 그리고 몇 주간 관찰한 결과, 이 술집들의 수익이 오르는 것을 발견했다.

효과는 이중적이다. 고객은 한편으로는 술에 대한 욕구를 더 강하게 느끼고, 다른 한편으로는 술집에서 시간을 더 많이 보내 이것이 술 소비를 촉진하기 때문이다. 남브르타뉴 대학교의 셀린 자코브Céline Jacob가 카페에서 관찰한 흥미로운 사실도 있다. 셀린 자코브는 손님들이 평소에 오래 머물지 않는(15분에서 20분) 카페들을 선택해 음료와 관련된 노래를 틀게 한 결과, 노래가 이들을 상당히 오래 붙든다는 것을 관찰할 수 있었다. 이것은 단순히 음악의 효과라기보다 음악에 사용된 언어의 효과임이 분명하다(술을 언급하지 않는 팝송과, 통제 조건으로 사용한 만화영화 음악을 틀었을 때는 전혀 효과가 없었다).

우리가 사랑 노래를 들을 때

아이팟과 스마트폰 그리고 라디오에서 흘러나오는 노래는 감정적이고 감미로운 음악의 세계로 우리를 깊이 끌고 들어가 가사를 소홀히 여기게 만드는 것이 문제다. 우리는 이완된 상태에서 음악을 들으며 가사의 무의식적 효과에는 주의를 기울이지 않는다.

우리가 노래에 건강하게 반응하려면, 가사를 유심히 듣고 그것이 유발하는 감정을 분명하게 파악해야 한다. 공격성이나 술과 관련된 용어들이 부정적 효과를 일으킨다면 사랑이나 유쾌함을 환기하는 용어들은 그 반대 효과를 일으키기 때문이다. 가장 상징적인 예가 프랑시스 카브렐Francis Cabrel의 〈그녀를 죽도록 사랑해〉*가 아닐까 싶다. 이 노래를 듣고 어떻게 폭력적으로 행동할 수 있을까?

실제로 그러기는 대단히 어렵다. 우리 연구 팀은 프랑스 반Vannes 지역에서 진행한 한 실험에서, 여자들에게 이 노래를 배경 음악으로

---

* 가사의 일부는 다음과 같다. "전에 난 아무것도 아니었어. 그러나 이젠 그녀의 밤을 지키는 수호자라네. 죽도록 그녀를 사랑해. 당신이 좋아하던 모든 게 파괴돼도 그녀가 팔을 벌려 안아주면 모든 게 다시 살아나지……." ─옮긴이

슬쩍 들려준 뒤 젊은 남자가 보는 앞에서 쿠키를 먹고 맛을 평가하게 했다. 우리는 그에 앞서 남자한테 시식이 끝난 뒤 여자에게 개인적으로 전화번호를 물어보라고 지시했다.

우리는 사랑에 대한 언급이 없는 노래(뱅상 들레름Vincent Delerm의 〈차 마시는 시간〉)와 비교해서 〈그녀를 죽도록 사랑해〉가 여자들이 남자에게 전화번호를 줄 확률을 높일 수 있는지 알고 싶었다.

그래서 두 노래 각각에 대해 전화번호를 주겠다고 한 여자들의 수를 세어봤다. 차이는 뚜렷했다. 전화번호를 주겠다고 한 여자들의 수는 대기실에서 〈그녀를 죽도록 사랑해〉를 배경음악으로 들은 경우가 훨씬 많았다.

남자들의 경우에도 똑같은 효과가 나타났다. 우리는 또 다른 실험에서 꽃집에 사랑 노래를 틀어봤다. 그 결과, 남자 손님들이 사랑과 관련 없는 팝송을 틀었거나 아예 노래를 틀지 않았을 때에 비해 돈을 더 많이 소비한 것으로 확인됐다. 이들은 더 '큰' 사랑을 표현하기 위해 더 큰 꽃다발을 사거나 더 비싼 꽃을 고름으로써 많은 돈을 썼다. 우리의 조사 결과, 남자들은 자기한테 중요한 여자에게 주려고 꽃을 사는 데 반해 여자들은 이를테면 저녁 식사에 초대한 친구나 가족에게 선물하려고 꽃다발을 고르는 것으로 드러났다.

일반적으로 사랑은 꽃도 팔지만 음악도 판다. 뉴욕 주립대학교 올버니 캠퍼스의 돈 홉스Dawn Hobbs와 고든 갤럽Gordon Gallup은 리듬앤드블루스, 컨트리뮤직, 팝뮤직 분야에서 2009년 인기 순위 10위에 든 곡들을 대상으로 번식 전략(사랑, 유혹, 성, 정절)과 관련된 가사를 비교해봤다. 그 결과, 사랑에 대해 더 많이 얘기할수록 상업적으로 더 크게 성공한다는 사실을 알아냈다.

음악은 마음을 녹인다

마지막으로, 평화나 인류애 또는 관용을 노래하는 곡들도 우리의 행동에 큰 영향을 끼친다. 오스트리아 인스브루크 대학교의 토비아스 그라이트마이어Tobias Greitemeyer는 노래가 연민과 관대함을 키울 수 있다는 것을 독창적인 실험을 통해 밝혀냈다.

그는 우선 대학생들에게 소위 사회 친화적 음악, 즉 가사가 상부상조, 사회적 지원, 타인에 대한 격려 같은 주제를 다루는 노래들을

여성에 대한 폭력과 음악

독일 뮌헨 대학교의 페터 피셔Peter Fischer는 다수의 남녀에게 여성 혐오적인 내용의 음악을 들려준 뒤, 상대방에게 매운 소스를 만들어주게 했다. 그 결과, 유독 여성을 혐오하는 가사에 노출됐던 남자들이 특히 여자에게 아주 매운 소스를 만들어준 것으로 드러났다.

들려줬다. 이를테면 비틀스의 〈헬프Help〉가 그런 음악이다. 그런 뒤 이들에게 낱말의 첫음절만 주고 나머지를 채우게 했다. 예를 들어 '주-'는 마음 상태가 공격적인지 평화로운지에 따라서 '주-다' 또는 '주-먹질'이 될 수 있다. '공격적인' 뜻으로 완성된 낱말들의 수는 비틀스의 다른 노래인 〈옥토퍼시스 가든Octopus's garden〉 같은 중립적 내용의 노래를 들었을 때보다 〈헬프〉를 들었을 때 훨씬 적었다.

계속 평화의 노래

그라이트마이어는 동일한 실험 방법으로 이타주의와 관련된 낱말들을 가지고도 유사한 결과를 얻었다. 한 예로 피실험자들이 사회 친화적 음악을 들었을 때 '나-'라는 음절은 '나-가다'보다 '나-누다'로 완성되는 경우가 더 많았다. 또 이들은 불행한 주인공이 나오는 이야기에 더 많은 공감과 연민을 나타냈다.

그라이트마이어는 여기서 한 걸음 더 나가, 학생들이 가사(또는 생각)와 행동을 일치시킨다는 사실도 입증했다. 실험을 위해 그는 학생들에게 음악 조사에 응하는 대가로 2유로를 줬는데, 이것은 중립적 노래와 사회 친화적 노래에 이들을 노출시키기 위한 핑계였다. 그는 학생들에게 돈을 주면서, 구호 단체를 위해 모금하고 있다는 소식도 알려줬다. 그랬더니 사회 친화적 음악을 들은 학생들은

53%가 돈을 기부했고, 중립적 음악을 들은 젊은이들은 31%만 돈을 기부했다.

국가도 국경도 종교도 없는 세상을 꿈꾸는 〈이매진Imagine〉이라는 노래가 생각난다. 이런 가사는 우리의 집단 감정에 깊은 영향을 끼친다. 이 곡을 만들던 당시 존 레넌John Lennon은 베트남전을 공개적으로 반대했고 CIA에 의해 도청당했다. 전쟁에 박차를 가하는 분위기에서 과연 존 레넌의 노래가 사람들에게 악질적 반전사상을 불어넣을 수 있었을까?

인스부르크 대학교의 그라이트마이어와 아네 슈바프Anne Schwab의 연구를 참고해보자. 이들은 사람들이 자기 나라(이 경우에는 독일)의 환대 정신을 칭찬하는 노래를 들으면 이민자에게 더 호의적이라는 사실을 밝혀냈다. 터키 이민자와 맞붙는 비디오 게임에서 독일인들은 덜 공격적으로 행동했다. 폴 매카트니Paul McCartney의 노래 〈에버니 앤드 아이보리Ebony and Ivory〉*는 우리가 다른 인종의 사람들에게 도움의 손길을 더 많이 내밀도록 이끌지 않을까…….

---

* 가사의 일부는 다음과 같다. "내 피아노 건반에서 흑건과 백건은 완벽히 조화를 이루며 살죠. 우리는 모두 알아요. 어디를 가든 사람들은 똑같다는 것을……."—옮긴이

08 | 공포는 설득력이 있을까?

질병과 죽음 운운하며 열심히 예방 교육을 해도 건강에 해로운 행동들은 교정되지 않는다. 심리학자들은 약간의 조작이 교육을 더 효과적으로 만들 수 있다고 제안한다.

담배는 사람을 죽인다(전 세계적으로 매년 600만 명이 사망하고 프랑스에서만 7만 명이 사망한다). 담배를 피우지 않는 나한테는 담뱃갑에 적힌 짧은 경고문이 효과가 있다. 경고 문구와 그림을 볼 때마다 등골이 서늘해진다……. 프랑스에서는 2016년 5월 20일부터 담배 포장을 통일하고 경고 문구와 그림도 확대하는 금연 정책을 시행하기로 결정했으니 조만간 이런 제품이 나올 것으로 보인다.

문제는, 흡연자들에게는 이것이 거의 효과가 없다는 점이다. 경고는 사람들의 주의를 끌어당기지만 사고와 행동의 도식을 바로잡기에는 부족하다. 예방 교육을 아무리 반복해도 사람들은 여전히 자신의 목숨을 위태롭게 만들고 있다는 것이 그 증거다. 담배를 피우고, 마약을 하고, 과음하고, 과속하고, 기름지고 단 음식을 먹으면서……. 예방 교육을 하며 무시무시한 그림과 상황을 보여주는 것은 진혀 변화를 이끌어내지 못하는 것처럼 보인다. 왜 그럴까? 왜냐하면 공포는 사람들을 만류할 수 있는 적절한 수단이 아니라서 기대되는 결과를 불러올 수 없기 때문이다. 이것은 실험으로 입증된 사실이다.

1950년대에 예일 대학교의 어빙 재니스Irving Janis와 시모어 페슈바흐Seymour Feshbach는 구강 위생과 관련해, 공포가 설득에서 어떤 역할을 하는지 알아보는 유명한 연구를 진행했다. 실험 참여자 가운데 일부는 위생 문제로 인한 끔찍한 치과 질환들의 사진을 봤다. 이것들은 강한 공포감을 유발했다. 또 일부는 공포감을 덜 주는 가벼운 치과 질환들의 사진을 봤다. 그리고 나머지 실험 참여자들은 완곡한 내용의 병리학적 정보만 받았다. 이어서 두 심리학자는 이들에게 바른 양치질법과 위생적인 구강 관리법을 설명해줬다. 그리고 한 주 뒤 피실험자들이 조언을 따랐는지 설문지를 이용해 조사했다.

조사 결과, 설명을 들은 대로 실천한 사람은 첫 번째 집단에서는 8%, 두 번째 집단에서는 22%, 세 번째 집단에서는 36%인 것으로 나타났다. 공포는 기대했던 것과 정반대 효과를 낳은 것처럼 보인다. 대단히 역설적이지 않을 수 없다. 이것을 어떻게 설명해야 할까?

사람들은 '위협'을 당하면 그 논거에 대해 자신을 방어하기 위해 '저항'을 하기 때문이다. 이것은 1962년에 어빙 재니스와 로버트 터윌리거Robert Terwilliger에 의해 밝혀진 사실이다. 이들은 일부 흡연자에게는 건강을 해치는 담배의 위험성을 강조하면서 강한 불안감을 일으키는 정보를 주고, 다른 일부 흡연자들에게는 불안감이 덜한 정보를 줬다. 그런 뒤 이들에게 담배에 대해 어떻게 생각하는지 물어봤다. 이 심리학자들에 따르면, 위협적인 정보를 받은 사람 중 79%(위협적이지 않은 정보를 받은 사람들의 경우에는 12%)는 금연에 관한 주장을 강하게 비판하고 심지어 그 진실성까지 의심했다. 상습 흡연자들은 담배가 입 냄새를 유발하고 폐활량을 떨어뜨린다는 사실(약한 위협)에는 이의를 제기하지 않았지만 흡연이 암, 심혈관 질환, 조기 사망(강한 위협)을 초래한다는 사실은 부정했다.

이렇게 반응한 결과, 약한 위협을 받은 피실험자들은 68%가 금연이 바람직하다고 생각한 반면, 강한 불안에 노출됐던 피실험자들은 36%만 거기에 동의했다. 그렇다면 불안의 강도를 높여 충격을 더 심하게 줘야 할까? 아니다. 왜냐하면 사람들이 방어기제를 발동해 더 완고해지기 때문이다.

공포감을 유발하는 예방 교육 방법은 심리학자들이 '인지적 부조화'라고 부르는 결과를 불러온다. 담배는 위험하기 때문에 흡연자들은 건강과 흡연 사이의 모순을 줄일 필요성을 느낀다. 그래서 담배로 인해 초래된다고 알려진 위험들을 최소화하려고 한다. 거부, 비난, 자기한테는 해당하지 않는다는 생각 등은 모두 이 부조화를 줄이기 위한 방편이다.

공포는 사람을 바꾸지 못한다

공포는 역효과를 내며 단기적으로 봤을 때 전혀 효과가 없다. 그렇다면 장기적으로는 효과가 있을까? 사람들은 예방 교육을 접한 뒤 행동을 고칠까? 1982년에 캐나다 요크 대학교의 폴 콘Paul Kohn 연구 팀은 대학생들에게 음주 운전의 위험성에 관한 끔찍한 영상을 보여주었다. 그런 뒤, 그다음 날과 여섯 달 뒤 이들의 운전 습관을 조사했다. 앞서 살펴본 실험들과 마찬가지로, 피실험자들은 음주 운전의 위험성에 관한 주장이 위협적일수록 더 비판적이었다. 다행히 여섯 달 뒤에는 이 주장을 수긍하기는 했지만 음주 운전 습관을 고치지는 못했다. 장기적으로 봤을 때도 불안을 조장하는 정보는 전혀 효과가 없다.

그렇다면 예방 교육에서 무서운 경고 문구와 그림을 사용하지 말아야 할까? 사실상 문제의 핵심은 어떤 목표를 추구하는가에 달려 있다. 1965년 하와이 대학교의 체스터 인스코Chester Insko 연구 팀은 담배를 지속적으로 피우는 부류, 때때로 피우는 부류, 전혀 피우지 않는 부류의 대학생들에게 충격적인 사진이 포함된 예방 교육 정보를 제공했다. 그런 뒤 지속적으로 담배를 피웠을 때 심장마비에 걸릴 위험성에 대한 이들의 생각을 조사했다.

그 결과, 사진이 전달하는 공포감은 비흡연자들에게만 효과가 있는 것으로 나타났다(흡연자에게는 역효과가 있었다). 달리 말해, 충격적인 정보는 흡연을 시작하지 못하게 막는 데는 좋을 수 있다. 이 차이를 어떻게 설명할까? 흡연자들은 금연을 거절할 이유를 찾는다(즉 '합리화'한다). 이들은 위험이 과장됐으며 자기와 관계없다고 주장한다. 자기는 담배를 그렇게 많이 피우지 않고 운동도 하기 때문에 담배의 부작용을 잘 통제하고 있다는 식으로……. 이들은 종종 결정적인 주장까지 내세운다. 50년 이상 담배를 피웠지만 아주 건강한 사람을 알고 있다고 말이다. 비흡연자의 경우에는 담배에 관한 자기 생각과 일치하는 정보를 접함으로써 자신의 걱정이 옳았음을 확인하거나 강화한다. 따라서 이들은 흡연을 시작하지 않을 것이다.

관객이 아니라 주인공이 되게 하라

어쨌든 금연 예방 교육의 긍정적 효과를 부각한 연구가 없는 것은 아니지만, 현재 젊은이들의 담배 소비를 줄이기에는 미흡하다. 몇몇 연구자는 공포를 일으키는 방식이 관건이라고 본다. 1965년에 예일 대학교의 어빙 재니스와 레온 만Leon Mann은 담배를 피우는 젊은 여자들에게 환자 역할을 주고 의사에게서 폐암에 걸렸다는 얘기를 듣게 했다. 여자들 중 일부는 연극에 참여하지 않고 그 대화를 듣기만 했다. 이 심리학자들은 2주일 뒤 이들의 담배 소비량을 측정했다.

그 결과, 역할 놀이에 참여했던 여자들만 담배를 줄인 것으로 나타났다. 수동적으로 대화를 들은 것은 금연 예방에 관한 글을 읽는 것과 같은 정도의 설득력만 있었다.

재니스는 역할 놀이를 했을 때 효과가 오래 지속될 수 있다는 사실도 다른 실험으로 입증했는데, 그 실험에서 흡연자들은 실험이 끝나고 1년 반이 지났을 때도 여전히 담배를 덜 피우는 것으로 나타났다. 따라서 예방 교육에서 공포보다는 교육 대상자의 관여가 중요하다는 얘기다.

개인적 관여의 중요성은 다른 연구들에 의해 확인됐다. 이 연구들은 일시적인 두려움이 우리의 행동에 미치는 긍정적 영향에 초점을 맞춘다. 예를 들면 1998년 폴란드 브로츠와프 대학교의 다리우시 돌린스키Dariusz Dolin'ski 연구 팀은 실험 협력자를 도로 횡단보도 근처에 숨어 있게 했다. 그리고 보행자들이 무단횡단하면 이들을 향해 경찰 호루라기를 불게 했다.

보행자들은 불안한 기색으로 주변을 돌아봤지만 경찰이 보이지 않자 계속 걸어갔다. 20초 뒤 실험자가 보행자에게 다가가서 10분가량 설문지를 작성해줄 수 있는지 물었다(설문지는 그 사람의 불안을 측정하는 것이었다). 이 심리학자들은 무단횡단했지만 호루라기로 부르지 않은 보행자들과 횡단보도로 길을 건넌 보행자들에게도 똑같이 설문지 작성을 부탁했다.

이렇게 실험한 결과, 무단횡단했고 호루라기로 부른 경우에는 59%가 설문지 작성에 응했고, 무단횡단했지만 호루라기로 부르지 않은 경우에는 46%, 횡단보도로 길을 건넌 경우에는 41%가 여기에 응했다. 호루라기로 부른 보행자들이 더 '온순'한 이유는 무엇일까? 그것은 아마도 과태료가 부과되지 않았다는 사실에 마음이 놓여 경계심을 풀고 더 친절해졌기 때문일 것이다.

따라서 겁을 먹었다가 안심하게 되면 사람들은 설득에 더 민감해질 가능성이 있다. 이것은 돌린스키 연구 팀이 진행한 다른 실험들에서 밝혀진 사실이다. 그 가운데 한 실험에서 실험자들은 주차 위반 자동차의 와이퍼나 문에 주차 위반 경고장과 비슷한 종이를 꽂아놓았다. 종이는 실은 새로 나온 탈모 치료제 광고지였다. 그리고 운전자에게 종이를 읽을 시간을 준 뒤 실험자가 다가가서 대학

생이라고 자기소개를 하고 도시의 교통 문제 개선에 관한 설문지를
15분 정도 작성해줄 수 있는지 물었다.

놀랐다가 안심하면 협조적이 된다

이번에도 결과는 유사했다. 종이가 와이퍼에 꽂혀 있어 주차 위
반 경고장일 가능성이 높았을 때는 피실험자의 62%가 설문조사에
응했고, 차 문에 꽂혀 있어 주차 위반 경고장일 가능성이 낮았을 때
는 37%가 설문조사에 응했다. 차에 종이가 꽂혀 있지 않았을 경우
설문조사에 응한 운전자는 36%였다. 이 결과는 안심이 사람을 협조
적으로 만든다는 증거를 보여준다. 주차 위반 경고장처럼 보이는
종이는 두려움을 일으키고, 그것이 광고지라는 것을 알게 되면 긴장
이 풀리면서 마음이 놓인다. 그래서 기꺼이 조사원을 돕게 된다.

돌린스키가 진행한 또 한 실험에서, 한 경우에는 와이퍼 아래 약
광고지를 꽂고 다른 경우에는 주차 위반으로 경찰서에 출두하라는
통지문을 꽂았다. 광고지의 경우에는 차 운전자 가운데 62%가 설문
지에 응했다(종이를 꽂지 않았을 때는 32%). 그와 반대로 경찰 통지문의
경우에는 8%만 설문지에 응했다. 경찰서에서 조사를 받아야 한다
는 강한 불안감이 그 사람을 비협조적으로 만들었던 것이다…….

많은 연구가 소위 공포 뒤의 안심 효과를 강조한다. 이를테면 바

닥에 떨어진 지갑을 주워 사람들에게 지갑 주인인지 물어본다거나, 길바닥에 모형으로 만든 개 배설물을 몰래 갖다놓고 조심하라고 외치면 사람들은 다른 사람을 돕는 경향이 있다. 공포가 우리를 설득하기 위해서는 우리의 마음에 개인적으로 와닿아야 한다. 예방 교육이 이 원칙을 적용하지 않는 한, 웬만해서는 효과를 내기 어려울 것이다. 음주나 흡연 등과 관련해서 우리가 동일시할 수 있는 중요한 인물을 보여주는 것도 한 가지 해결책이 될 수 있겠다.

09 | 식당에서 우리를 속이는 것들

식당에 들어갈 때는 간단히 샐러드만 먹을 생각이었다. 그런데 나도 모르게 터무니없이 많은 음식을 시키고 포도주까지 주문하고 말았다. 왜 그랬을까. 지금부터 전문가의 설명을 들어보자.

사업상 만남, 친구들과의 약속, 연인과 함께하는 저녁 식사……. 프랑스 여론조사 기관인 BVA가 2015년에 실시한 여론조사에 따르면, 프랑스인 가운데 약 33%는 적어도 한 달에 한 번 정도 외식을 한다. 식당에 가면 메뉴를 훑어보게 되고, 그러다보면 포도주가 당기고, 결국에는 디저트에 커피까지 마시게 될 때가 많다. 요컨대 우리는 느긋하게 자유를 즐긴다.

자유라고? 천만의 말씀. 연구자들은 식당의 수많은 요소가 손님에게 영향을 끼친다는 사실을 밝혀냈다. 음악의 분위기, 장식, 종업원의 태도, 요리를 대접하는 방법 등. 식당에 발을 들여놓는 순간부터, 맛있게 음식을 먹고 또는 적어도 맛있었다고 느끼면서 기분 좋게 나올 때까지, 많은 것이 여러분의 행동에 영향을 준다.

우선 주문부터 살펴보자. 식당 주인은 종종 손님들의 선택을 한쪽으로 유도하고자 한다. 이를테면 제철 요리나, 바닷가 식당이라면 해산물 쪽으로 말이다. 그런데 실은 이것들은 값이 싸서 이윤을 더 많이 남길 수 있는 재료다.

식탁에 배 모형이 있네…
갑자기 생선 요리가 먹고 싶은걸

손님을 겨누는 첫 번째 무기는 장식이다. 손님이 육류보다 생선을 선택하게 하려면 바다 분위기만 내면 된다. 이것은 남브르타뉴 대학교 셀린 자코브 연구 팀이 두 유형의 장식을 이용해 증명했다. 통제 조건에서는 말린 꽃으로 만든 꽃다발로 식탁과 식당을 장식하고 접시에는 아리보리색 냅킨을 올려놓았다. 실험 조건에서는 손님을 먼바다로 데리고 나갔다. 작은 돛단배 모형이 식탁마다 놓여 있고, 냅킨에는 배 그림과 바다에 관한 시들이 인쇄돼 있으며, 식당 한쪽 구석에는 작은 물고기 동상이 손님들을 쳐다보고 있었다…….

이렇게 한 결과, 바다 분위기를 냈을 때 거의 두 배 넘는 손님이 생선이나 해산물을 주문했다. 이 연구자들에 따르면, 우리는 식당에 들어설 때 정확히 무엇을 먹을지 별로 생각이 없다. 그래서 몇 가

지 상황적 요소가 우리의 마음을 자극하게 된다. 따라서 바다에 대해 환기시키면 메뉴판을 보고 있는 손님에게 "점심으로 생선 요리도 괜찮지……" 하고 말하도록 이끈다.

만약 여러분이 장식의 영향력을 이겨냈다고 해도 식당 주인은 다른 수단들을 이용해 여러분의 선택에 압력을 가한다. 가장 직접적인 수단은 특정 요리를 권하는 것이다. 우리 연구 팀이 한 식당에서 진행한 연구가 있다. 종업원이 손님에게 메뉴판을 가져다주면서, 한 경우에는 아무 말도 하지 않고 다른 경우에는 특정 요리를 권했다("여기 메뉴판 있습니다. 제가 권해드리자면, 양배추 절임을 곁들인 생선 요리가 괜찮아요. 이게 저희 집 대표 음식이거든요"). 그 결과, 손님 가운데 41%가 이 요리를 주문했고 아무런 제안도 하지 않았을 때는 이 요리 주문이 22%를 넘지 않았다.

그리고 천천히
생선 요리 쪽으로 마음이 기운다

요리를 제안하면서 신체 접촉이 동반되면 효과가 더 높다는 사실도 이 연구를 통해 밝혀졌다. 종업원은 양배추 절임을 곁들인 생선 요리를 권하면서 손님의 팔을 살짝 건드렸다. 그랬더니 이 요리를 주문한 손님의 비율이 59%까지 올라갔다.

요리를 권할 때의 효과를 강화시켜주는 또 한 가지 요소는 요리에 대한 설명이다. 2015년에 우리 연구 팀은 이것을 입증했다. 해수욕장의 크레이프 가게에서 여종업원이 특정 크레이프를 손님들에게 권했는데, 한 경우에는 이름만 말했고("오리엔털 크레이프가 아주 괜찮아요") 다른 경우에는 주재료와 요리 방식도 설명했다. 이름만 얘기했을 때는 손님 가운데 약 18%만 그 크레이프를 주문했고, 설명이 동반됐을 때는 30%가 그것을 주문했다.

설명을 동반할 때 손님들이 종업원의 제안을 더 많이 따르는 이런 경향은, 종업원의 직업의식이나 손님 말을 경청하는 태도에 대한 손님들의 인식과 무관하다. 설문 조사에서 손님들이 종업원의 직업의식이나 태도를 높이 평가했든 아니든 주문은 비슷했기 때문이다. 따라서 재료와 요리 방법에 대한 언급은 요리 자체와 특별한 관계를 형성하면서 그 요리의 매력을 강화하는 것이 아닐까 싶다. 그러니 식당 주인이라면 자신의 요리와 요리 비법에 대해 설명해주는 편이 확실히 이득이다.

할머니의 손맛이 느껴지는 전통 가정식

여러분이 만만한 상대가 아니라고 가정해보자. 외부의 어떤 압력에도 굴하지 않는 아주 단호한 사람이라고 말이다. 그래서 고집

스럽게 메뉴판을 들여다본다. 불행히도 여러분 앞에는 여전히 난관이 있다. 사소해 보이는 요리 이름도 여러분에게 영향을 끼치기 때문이다. 미국 코넬 대학교 브라이언 원싱크Brian Wansink 연구 팀은 대학 구내식당에서 요리 이름에 변화를 주어 이 사실을 입증했다. 한 경우는 이름이 전형적, 즉 설명적이고(파메르산 치즈 닭고기, 닭고기 오븐 구이, 호두 쿠키 등) 다른 경우는 향토식이나 전통식일 것 같은 착각을 불러일으키게 이름이 '윤색'됐다(수제 파메르산 치즈 닭고기, 부드러운 닭고기 오븐 구이, 옛날 호두 쿠키 등). 물론 두 상황 모두 같은 요리였다.

연구자들이 6주에 걸쳐 판매량을 계산해보니, 이름이 윤색됐을 때 주문이 27% 증가한 것으로 나타났다. 식당 출구에서 작성된 설문지 결과에 따르면, 이름이 윤색된 경우 손님들은 요리가 더 맛있다고 평가했고 다음에도 주문하고 싶어 했으며 더 비싼 값을 지불할 의사가 있었다. 또 식당에 대한 전반적인 평가도 더 좋았다.

따라서 여러분이 요리를 선택하면서 아무런 영향도 받지 않았을 가능성은 거의 없다. 그렇다면 포도주도 그럴까? 여기에도 여러분의 결정을 유도하는 미묘한 방법들이 존재한다. 로잔 호텔학교의 로이드 테리어Lohyd Terrier와 안로르 자키네Anne-Laure Jaquinet가 진행한 실험에서, 연구자들은 요리와 함께 마실 포도주를 메뉴에 포함시켰다. 통제 조건에서는 포도주 목록만 메뉴판에 적었다. 그랬더니 손님의 약 25%만 포도주를 주문했다. 반면에 요리마다 그에 어울리는 포도주를 소개한 경우에는 75% 이상의 손님이 포도주를 주문했다. 이 방법은 포도주가 싸든 비싸든 똑같이 효과 있었다.

음악적 환경도 포도주를 선택하는 데 관여한다. 고전 음악은 손님들에게 고급 포도주나 비싼 요리를 주문하도록 만드는데, 이것은 여러 연구를 통해 입증된 사실이다. 아마도 고전 음악이 사람들의 마음에 품격의 느낌을 자극하기 때문일 것이다.

이제 주문이 끝났으니 안심인가? 아직도 멀었다. 연구자들은 음악이 여러분의 저작 속도에까지 영향을 줄 수 있다는 것을 밝혀냈다. 예를 들면 음악의 속도가 느릴수록 여러분은 음식을 천천히 씹는다. 여기에는 식당 주인이 이용할 수 있는 이점이 있다.

감미로운 음악… 쓰라린 계산서

스코틀랜드 스트래스클라이드 대학교의 클레어 콜드웰Clare Caldwell과 샐리 히버트Sally Hibbert는 식당에서 느린 속도(분당 72비트)와 빠른 속도(분당 94비트)로 재즈 음악을 틀어봤다. 손님들은 후자의 경우 음식을 더 빠르게 먹어, 평균 식사 시간인 1시간 30분보다 거의 15분 일찍 식사를 끝냈다. 이것은 그들도 의식하지 못한 상태에서 일어난 일이었다. 설문지로 조사해본 결과, 두 실험 집단의 손님들은 식사에 동일한 시간이 걸렸다고 생각했기 때문이다. 그렇지만 식사비 총액은 느린 음악에 노출된 손님들이 음식과 음료를 더 먹었기 때문에 더 많았다. 느린 속도의 음악은 사람의 마음을 이완시켜 식당에 더 오랜 시간 머물며 소소한 미각의 즐거움을 누리도록 부추겼을 것이다.

특정 향기도 마음을 이완시킨다. 우리 연구 팀은 피자 가게 안에 전기 방향제로 레몬 향과 라벤더 향을 풍겨봤다. 라벤더 향은 손님들에게 식당에 더 오래 머물면서 더 많은 음식을 먹고 디저트와 커피까지 즐기도록 유도했다. 여러 과학적 연구에 따르면, 라벤더 향은 신경 안정 효과가 있는 것으로 알려져 있다.

계산할 때도 여러분은 팁을 얼마나 줄 것인지 선택해야 한다. 물론 이것은 직원의 태도와 접대의 질에 달려 있다. 하지만 그게 다는 아니다.

예를 들면 직원의 자세는 상당히 중요한 역할을 한다. 미국 엠포리아 주립대학교의 스티븐 데이비스Stephen Davis 연구 팀은 미국의 여러 식당에서 28명 이상의 남녀 종업원과 거의 1만 명에 이르는 손님을 대상으로 대규모 연구를 진행했다. 종업원들은 주문받을 때 몸을 꼿꼿이 세우고 있거나 손님 쪽으로 약간 숙이라는 지시를 받았다. 그 외에는 평소대로 행동했다. 이렇게 한 결과, 종업원들이 몸을 숙인 경우 팁의 총액이 15% 넘게 증가한 것으로 나타났다. 연구자들에 따르면, 손님들은 몸을 숙이는 종업원의 행동을 손님에게 집중하겠다는 의지이자 손님의 말을 경청하고 있다는 표시로 해석했

기 때문에, 이런 종업원들이 더 직업의식이 있다고 판단해 이들에게
보상해주려는 욕구를 느낀 것으로 보인다. 또 한 가지 효과가 여기
에 관여한다. 몸을 숙이면 신체적으로 더 가까이 접근하게 되는데,
이것이 친밀감을 불러일으켜 손님의 판단을 개선할 수 있다는 점이
다. 종업원이 주문받을 때 손님에게 가까이 다가갈수록 팁이 올라
간다는 것은 여러 연구로 입증되었다.

종업원이 손님의 팔을 살짝 만지면 효과가 더 좋다. 이스라엘 텔
아비브 대학교 야코브 호르니크Jacob Hornik가 진행한 실험에서, 종업
원들은 손님이 식사를 마쳤을 때 요리에 만족했는지 물어보면서 한
경우에는 손님의 팔을 살짝 만졌다. 평균적으로 손님들은 신체 접
촉을 했을 때 식사비 총액의 18%에 해당하는 팁을 줬고 그렇지 않
은 경우에는 14.5%의 팁을 줬다. 식당 출구에서 수집된 설문지에
따르면, 손님들은 신체 접촉이 있었을 때 종업원의 직업의식과 식당
의 수준을 더 높이 평가했다. 신체 접촉이 종업원의 팁에 미치는 효
과는 다양한 나라에서 많은 연구를 통해 확인되었다.

신용카드 그림을 보면 인심이 후해진다

팁에 영향을 줄 수 있는 마지막 요소가 남았는데, 이것은 좀 위
험하다. 한 실험에서 미국 이타카 대학의 마이클 매콜Michael McCall

과 마이애미데이드 대학의 헤더 벨몬트Heather Belmont는 손님에게 계산서를 담아주는 접시의 바닥에 신용카드 모양의 스티커를 붙였다. 그러자 스티커가 없을 때와 비교해 팁이 25% 증가했다. 팁 체계가 미국과 약간 다른 프랑스에서도 비슷한 실험 결과가 나왔는데, 손님은 조건화*에 영향을 받는 것으로 보인다. 즉 신용카드 그림은 돈을 쉽게 소비할 수 있다는 느낌을 활성화해서 직원에게 인심을 쓰게 만드는 것이다. 더 나아가 식당에서 식사비를 카드로 지불하는 손님들이 현금으로 계산하는 손님들보다 팁을 더 많이 준다는 사실을 입증한 연구도 다수 나와 있다.

모든 식당 주인이 음흉하게 손님을 조종하지는 않겠지만, 이런 식으로 해서 수익이 발생한다는 것은 사실이고 이 주제를 다룬 연구 논문도 많다. 따라서 지나치지 않은 선에서 정신을 바짝 차리는 게 좋겠다. 여러분의 팔을 잠깐 쓰다듬어주는 종업원이 아니라 여러분을 진짜 만족시킨 종업원에게 팁을 주려면 말이다…….

---

* 다른 말로는 조건 형성. 학습 이론이나 행동주의에서 사용되는 용어로, 자극과 반응이 결합·강화되어 행동이 학습되는 과정을 뜻한다 — 옮긴이.

10 | 냄새는 우리를 이끈다

우리 주변에 맴도는 냄새들이 관대함, 구매욕, 체력, 지능, 사교성, 통증에 대한 저항력에 영향을 미친다고?

디디에라는 이름의 개가 어느 날 밤 사람으로 변하면서 일어나는 이야기를 그린 코미디 영화 〈디디에Didier〉에서, 사람 디디에는 여자들 뒤를 따라가다 코를 킁킁거리기 시작하고 그러면서 껄끄러운 상황이 벌어진다.

그의 행동은 개의 세계에서는 전혀 놀라울 게 없다. 일반적으로 개들은 서로 냄새를 공유하면서 기분이나 나이, 성적 감수성 같은 많은 정보를 냄새로 알아낸다.

영화에서 여자들이 디디에에게 화내는 것을 보면 사람은 개와 다른 것 같지만, 그게 그렇지가 않다. 우리는 대체로 의식하지 못하지만 심리학 실험들은 사람의 체취가 우리에게 정보를 전달하고 영

향을 준다는 사실을 보여준다. 더 포괄적으로 말하자면 냄새는 우리의 행동과 감정, 수행에 지대한 영향을 끼친다.

이를테면 몸에 탈취제와 향수를 뿌린다고 해도 우리는 사람들이 풍기는 냄새를 민감하게 느낀다.

미국 밴더빌트 대학교의 리처드 포터Richard Porter 연구 팀이 입증한 바에 따르면, 사람은 다른 사람들 사이에서 자기 체취를 구별하며 부모의 경우에는 자기 아이의 체취를 구별한다. 아이의 조부모와 삼촌, 이모, 고모도 그럴 수 있다.

저 남자, 냄새 좋네

하지만 체취가 가장 강력한 영향력을 발휘할 때는 이성을 유혹할 때다. 비록 이것이 동물의 페로몬처럼 전형적인 행동을 촉발시킨다고 할지라도 말이다. 예를 들어 안드로스타다이에논androstadienone은 남성의 땀에 많이 들어 있는 테스토스테론 유도체로, 남자 앞에서 여자들의 기분이 좋아지게 만든다. 여자들은 심지어 지배력도 감지할 수 있다. 이것은 체코 카를로바 대학교의 얀 하블리체크Jan Havliček 연구 팀의 실험에서 밝혀진 사실이다. 연구자들은 만 19세에서 27세 사이 남자들에게 자신의 지배력 수준(한 집단 내에서의 능력)을 평가하는 설문지를 작성하게 한 다음, 48시간 동안 겨드랑이에 면 패치를 붙이고 있게 했다. 그 뒤 만 20세에서 21세 사이 여자 대학생들이 남자들의 냄새에서 느껴지는 성적 특성에 점수를 매기고 자신의 월경 주기도 적었다. 그 결과, 배란기에 있는 여자들은 지배력 점수가 높은 남자들의 냄새를 선호하는 것으로 드러났다.

진화심리학자들에 따르면, 배란기가 지나면 선호가 사라진다는 사실은 이것이 자연 선택의 결과임을 의미한다. 여자들은 먼 여자 조상들로부터 이것을 물려받았을 것이다. 이 조상들은 지배력이 강한 남자들이 '좋은 유전자'를 가졌고 자식을 더 확실하게 보호해줄 수 있었기 때문에 이들에게 끌렸을 것이다. 게다가 수많은 다른 종의 암컷들은 자기가 선호하는 지배적인 수컷들의 위치까지 탐지할 수 있다.

따라서 사랑에 있어서 여자들은 코가 예민하다. 하지만 사람들의 체취 외에도 공기 중에 떠도는 모든 냄새가 영향을 준다. 만약 누군가에게 도움을 부탁할 때는 향긋한 냄새가 풍기는 장소를 고르는 게 좋다. 미국 렌슬리어 공과대학교의 로버트 배런Robert Baron의 연구 결과에 따르면, 그런 경우 성공할 확률이 매우 높다.

맛있는 빵 냄새가 좋은 사람을 만든다

그의 연구에서 실험 협력자는 맛있는 냄새가 풍기는 가게(예를 들면 빵집) 근처와 별다른 냄새가 없는 장소(예를 들면 옷 가게 앞)에서 지나가는 사람들에게 지폐를 동전으로 바꿔달라는 부탁을 했다. 첫 번째 경우에는 행인 중 57%가량이 부탁을 들어줬지만 두 번째 경우에는 부탁을 들어준 행인이 19%에 불과했다. 로버트 배런에 따르면, 향긋한 냄새로 촉발된 행복감은 사람들의 기분에 긍정적인 영향을 끼치고 이것은 다시 타인에 대한 공감을 유도한다.

무의식적인 도움을 증진시키는 이 효과는 여러 연구에서 확인되었다. 한 예로 여러분이 좋은 냄새를 풍기는 가게 근처에 있다면, 지나가던 사람이 물건을 떨어뜨렸을 때 더 적극적으로 그것을 알려줄 것이다.

근처에 빵집이 없다고 해도 당황할 필요 없다. 사람을 협력적으로 만드는 이 냄새들을 여러분이 직접 풍길 수도 있으니까. 미국 캘리포니아 주립대학교의 라리사 아덴스카야Larisa Adenskaya와 커트 도메이어Curt Dommeyer는 여자 조사원이 꽃 향수를 몸에 뿌리면 행인의 47%가 조사에 응하고 그러지 않을 때는 34%만 조사에 응한다는 사실을 밝혀냈다. 또 여자가 향수를 뿌린 상태에서 장갑이나 손수건을 떨어뜨리면 더 많은 사람이 그것을 알려준다는 사실도 알아냈다.

게다가 향기로운 냄새가 일깨우는 이 갑작스러운 도움의 욕구는 사람을 더 관대하게 만든다. 이것은 사우스조지아 주립대학교의 메리 베스 그라임스Mary Beth Grimes가 입증한 사실이다. 그라임스는 실험 참여자들에게 특정한 냄새를 맡게 하거나 맡게 하지 않은 뒤, 자원봉사에 몇 시간이나 할애할 의향이 있는지 물었다. 냄새를 맡지 않은 경우 이들은 1주에 110분을 쓸 의향이 있다고 말했다. 하지만 바닐라 향을 맡았을 때는 이 수치가 349분으로 급증했다. 즉 바닐라 향이 봉사 희망 시간을 세 배로 늘린 것이다.

이것은 냄새가 사람의 기분에 유익한 영향을 끼친 결과일까? 그라임스는 그렇다고 단언하지는 않는다. 실험 참여자들이 느낀 유쾌한 기분은 실험 절차에서 기인된 것으로 봤기 때문이다. 그라임스는 실험 참여자들을 향기에 노출시킬 목적으로, 향수를 뿌린 설문지 종이에 30초 동안 코를 바짝 들이대게 했다. 그렇게 하자 웃음이 터져나왔다……. 실험 참여자들이 향수를 뿌리지 않은 종이 냄새를 맡았던 통제 조건에서도 똑같은 상황이 벌어졌다. 따라서 향기로 증진된 관대함은 향수를 뿌린 종이 때문이 아니다. 메리 베스 그라임스는 후속 실험에서는 작은 스프레이를 사용해서 연구하라고 조언한다.

좋은 냄새가 여러분을 곧장 피에르 신부나 테레사 수녀와 같은 성스러운 사람으로 바꾸지는 못할지라도 이타적인 사람으로 변화시키는 것은 틀림없다. 그리고 더 사교적으로 만들기도 하는데, 이것은 코넬 대학교의 데이나 젬크Dana Zemk와 스토 슈메이커Stowe Shoemaker의 실험에서 밝혀진 사실이다. 이 연구자들은 강연장의 휴게실에 제라늄 방향제를 뿌렸다. 그러자 사회적 교류가 증가했다. 휴게실에 설치된 카메라를 통해 관찰한 결과, 향기가 없는 후각적 상황과 비교했을 때 더 많은 신체적 접촉과 대화, 악수가 이뤄지는 것으로 나타났기 때문이다.

바람둥이가 되라고?

따라서 좋은 냄새를 맡으면 긍정적이고 사교적인 기분이 된다. 그렇다면 가벼운 연애도 가능할까? 이것과 관련해서는 우리 연구팀이 진행했던 연구가 있다. 상가에서 남자들이 여자들에게 상냥하게 접근했는데, 한 경우는 상쾌한 냄새가 풍기는 가게 근처였고 다른 경우는 별다른 냄새가 풍기지 않는 가게 근처였다. 그랬더니 첫 번째 경우에 더 많은 여자가 남자에게 자기 전화번호를 알려줬다.

기업들이 냄새의 이 영향력을 놓칠 리 없다. 후각을 이용한 판매 전략은 급성장하는 중이다. 이를테면 영화관에서는 종종 팝콘 냄새를 풍긴다. 이것은 상당히 채산성이 높은 전략이다. 왜냐하면 우리는 물건을 살 때 느낌에 의존하기 때문이다. 우리 연구 팀이 실행한 또 하나의 연구가 이것을 잘 보여준다. 이 실험에서는 슈퍼마켓 입구에 핫초코 냄새를 퍼뜨렸는데, 그 결과 손님들은 짭짤한 식품의 구매와 별개로 달콤한 식품을 더 많이 산 것으로 나타났다.

하지만 냄새의 영향력은 모두의 행복을 위해서도 사용될 수 있다. 좋은 향기는 실제로 사람을 진정시키는 힘이 있어 의료계의 관심을 끌고 있다. 라벤더 향은 다양한 상황에서 사람들의 두려움을 감소시키는 것으로 여러 연구에서 입증됐다. 이를테면 수술받기 전이라든지, 혈액 투석을 하는 동안, 또는 방사선 치료를 받을 때 등. 미국 메리우드 대학교의 에스텔 캠페니Estelle Campenni 연구 팀은 라벤더 향의 신경안정 효과를 알아보기 위해 생리적 징후들을 측정해봤다. 그 결과, 라벤더 향은 스트레스 지표인 피부의 전기 전도율과 심장의 박동 수를 낮추는 것으로 나타났다.

그렇다면 어른, 아이 할 것 없이 모두 겁을 내는 치과에 방향제를 뿌리면 어떨까? 좋은 향기는 진통 효과도 있기 때문에 아주 현명한 생각이다. 오스트리아 빈 대학교의 요한 레르너Johann Lehrner 연구 팀은 여러 군데 치과 대기실에 라벤더와 오렌지 향기를 풍겨 이것을 증명했다. 요컨대 수백 명의 환자가 이 향기를 흡입했다. 두 향기는 치료를 기다리면서 느끼는 불안감 못지않게 통증도 감소시켰다.

향기의 진통 효과는 미국 휠링 예수회 대학교의 브라이언 라우덴부시Bryan Raudenbush 연구 팀에 의해 확인됐다. 참을성을 검사하기 위해 실험 참여자들을 고문하는 것은 비윤리적이기 때문에 연구자들은 약간 덜 가학적인 실험을 고안했다. 즉 가능한 한 오랫동안 얼음물에 손을 담그게 하는 것이었다. 이런 식으로 실험해보니 실험 참여자들은 박하 향이 풍겼을 때 35% 더 오래 그 고통을 참았다.

뇌를 흥분시키는 냄새들

좋은 향기가 발휘하는 또 하나의 놀라운 효과는, 수행능력을 촉진시킨다는 점이다. 미국 마이애미 대학교의 미겔 디에고Miguel Diego 연구 팀은 좋은 향기의 진정 효과 덕분에 우리가 스트레스를 덜 느껴 더 쉽게 집중하는 것이 그 원인이라고 추측한다. 이 연구자들은 실험 참여자들에게 뇌파 전위 기록 장치(머리 표면에서 전류를 측정하는 기계)를 씌운 뒤 이들 주변에 라벤더 향이나 장미 향을 퍼뜨렸다. 실험 참여자들은 이와 같은 후각적 환경이 조성되기 전과 후에 계산 문제로 이루어진 수학 시험과 본인의 스트레스 정도를 평가하는 설문지를 작성했다.

실험 참여자들은 향기 덕분에 덜 불안하고 더 느긋해진 것으로 확인됐는데, 뇌파 기록을 분석한 결과 뇌파에서 이완과 행복 상태의 특징적 파형이 나타났기 때문이다. 그뿐만 아니라 향기는 실험 참여자들의 수행도 개선했다. 이들은 계산을 더 빠르게 해냈고, 라벤더 향을 퍼뜨린 경우에는 실수도 더 적게 했다. 게다가 향기의 효과가 지속되는 것처럼 보였다. 향기가 사라진 뒤에도 뇌 활동은 변화된 상태를 그대로 유지했다.

인지적 이득들은 신경계를 전반적으로 자극한 데서 기인했을 가능성이 있다. 일련의 모든 연구에 의하면, 몇몇 자연 향은 각성, 주의력, 경각심, 동기 부여를 강화시켰다. 한 예로 신시내티 대학교의 조엘 웜Joel Warm 연구 팀은, 컴퓨터 화면상에서 수평으로 줄지어 올라가는 막대기 쌍들을 지켜보면서 막대기들의 간격이 벌어질 때마다 신호로 알리는 시험을 통해, 은방울꽃 향과 박하 향이 주의력을 유지하는 데 도움을 준다는 사실을 입증했다. 휠링 예수회 대학교의 브라이언 라우덴부시 연구 팀의 경우에는 모의 운전 장치를 이용했다. 이들은 레몬 향과 박하 향이 경각심을 강화시키고 피로를 완화시키는 것을 확인했다. 또 한 실험에서는 이 동일한 향기들이 기억을 자극하고, 라벤더 향을 맡았을 때 사람들이 시각 자극이나 소리 자극에 더 빠르게 반응하며, 레몬 향은 움직이는 목표물을 조이스틱으로 따라가는 능력을 증진시킨다는 사실을 밝혀냈다.

박하 향은 힘이 세다

좋은 향은 인지적 혜택만 있는 게 아니다. 신체적 수행도 개선시킨다. 휠링 예수회 대학교의 브라이언 라우덴부시 연구 팀이 진행한 실험에서, 사람들은 박하 향을 뿌린 면 조각을 콧구멍 가까이 붙인 경우와 그러지 않은 경우로 구분해 다양한 운동을 했다. 박하 향은 이들의 움직임을 더 정교하게 만들지는 못했지만(농구에서 자유투 성공률이 더 높지는 않았다) 속도와 힘을 측정하는 실험에서는 더 좋은 점수를 받게 했다. 연구자들에 따르면, 상쾌한 향을 흡입함으로써 개선된 기분이 동기 상승으로 표출된 것이다.

따라서 좋은 향기는 안전하고 합법적인 몸과 뇌의 흥분제인 셈이다. 수행 능력을 개선하고 싶은 사람은 이 사실을 참고해볼 만하다. 역도 선수들이 역기를 들기 전에 박하 잎 향기를 들이마시고, 주식 거래인들이 레몬 에센스 냄새를 맡으며, 학생들이 커다란 라벤더 화환이 걸린 시험장에 들어서는 모습을 조만간 보지 않을까……

요령과
비법

신경과학과 심리학은 앉는 방법이나 악수,
안경, 심지어 화장도 상황에 따라 특별한
생각과 감정을 불러일으킨다는 사실을
발견했다. 여기에서는 이것들을 잘
활용하는 방법을 소개한다.

11 │ 안경은 인상을 바꾼다

안경은 그다지 대단한 물건이 아니다. 하지만 사소한 안경 하나로
사람들이 바라보는 시선이 바뀐다. 안경을 쓰면 사람들은 우리를
더 지적이고 진지하며 정직하다고 생각한다.
심지어 더 적극적으로 돕고 더 기꺼이 채용하고 싶어 한다.

2011년에 미국 배우 제니퍼 애니스턴Jennifer Aniston이 안경을 쓰기
시작하자 언론매체는 흥분해서 일제히 이 소식을 다뤘다. 안경 하
나로 그녀는 겉모습뿐 아니라 인상까지 완전히 바뀌었다. 영화 〈프
렌즈Friends〉에서 매력적이고 재치 넘치며 아름다운 모습으로 사랑
받았던 그녀가 진지하고 신중한 역할로 현명하고 유능한 여성의
이미지를 풍겼다. 안경은 어떻게, 그리고 어떤 이유로 이런 효과를
불러왔을까?

시선을 붙잡는 요소

이 질문은 여러분과 나에게도 해당한다. 우리 중 약 73%는 최소한 가끔 안경을 쓰며, 나이가 들면 대부분 안경을 쓰니까 말이다. 안경이 인간관계에 미치는 영향을 다룬 다양한 연구들이 있는데, 지금부터 이것에 대해 살펴보려고 한다.

안경이 만들어내는 여러 변화는 시점 효과에서부터 시작된다. 즉 안경은 타인의 얼굴에 시선이 집중되도록 만든다. 이 분야의 연구를 선도한 오스트리아 빈 대학교 심리학과의 헬무트 레더Helmut Leder는 안경을 쓴 사람과 쓰지 않은 사람의 사진이 객관적 관찰자에게 미치는 영향을 조사했다. 실험 참여자들의 시각적 주의력은 시선 탐지기로 측정되었다. 조사 결과, 안경이 있는 경우에는 얼굴에서 눈 주변을 관찰하는 시간이 증가한 것으로 나타났다. 그리고 시간은 안경알과 안경테에 똑같이 쓰였다.

그렇다면 우리는 눈 주변에서 정확히 무엇을 읽어낼까? 위의 실험에서 객관적 관찰자들은 안경을 쓴 얼굴과 쓰지 않은 얼굴 사진을 보면서 그 사람의 친절함, 지능, 근면함, 정직성, 진지함, 유머 감각 등을 등급으로 평가했다. 그 결과, 안경은 지능, 진지함, 정직성, 일에 대한 전념, 친절한 느낌을 더 많이 주는 것으로 밝혀졌다. 또한 유머 감각이 부족한 사람이라는 느낌도 전달하는 것으로 나타났다.

한편 미국 인디애나주에 있는 하노버 대학의 로저 테리Roger Terry
와 존 크란츠John Krantz는 안경이 합리성, 성숙함, 감수성, 안정성의
느낌을 강화하고 외향성, 사회성, 지배성, 아름다움, 성적 매력을 약
화시킨다는 사실을 밝혀냈다. 영국 레스터 대학교의 존 비치John
Beech와 제임스 휘터커James Whittaker가 여자들을 대상으로 한 연구에
따르면, 안경은 지적이지만 성에 대해서는 관심이 덜한 사람이라는
인상을 준다.

이런 사실들을 참고하면서 제니퍼 애니스턴에 대해 다시 생각해
보자. 그녀가 안경을 쓰기 전에는 외향성, 유머, 성이 〈프렌즈〉를
지탱하는 기본 요소였다. 하지만 연기의 장이 바뀌면서 안경은 이
의미들을 축소하고 진지함, 지성, 성숙함을 환기시키는 데 대단히
큰 기여를 했을 것이다.

지능, 진지함, 정직성…

우리가 안경과 연관시키는 자질들은 우리의 일상적인 결정에 분
명히 영향을 준다. 먼저 직업 차원에서 이것을 살펴보자. 우리 연구
팀이 진행한 실험에서 우리는 길 가는 사람들에게 동일인이 안경을
쓰지 않은 사진과 쓴 사진(보정 프로그램을 사용해 안경을 추가했다)을 보
여줬다. 행인들은 이 사람의 직업군을 추측해야 했다. 안경이 없을

때는 행인 가운데 26%가 이 사람을 지적으로 우월한 직업과 관리자 범주에 속한다고 평가했지만, 그가 안경을 쓰자 이 수치는 58%까지 올라갔다.

안경의 유무는 회사에서의 부서 배치에도 동일한 사고 차원에서 영향을 끼칠 것이다. 미국 로욜라 대학교의 심리학자 마크 패트릭 러스나Mark Patrick Lusnar가 수집한 자료가 있다. 그는 한 직장의 채용 면담 영상을 다양한 사람에게 보여줬는데, 남녀 지원자들은 안경의 착용 여부만 달랐을 뿐 학위도 동일했고 면담에서도 같은 방식으로 행동했다. 영상을 보는 외부인들은 지원자에게 영업직이나 관리직을 부여해야 했다. 그 결과, 안경을 쓴 지원자들은 관리직에 더 적합하고 안경을 쓰지 않는 지원자들은 영업직에 더 적합하다고 판단됐다. 이것은 필연적인 결과다. 우리는 안경을 쓴 사람에게는 엄밀성, 통제력, 관리 능력이 필요한 관리직을 맡기는 경향이 있고 안경을 쓰지 않은 사람에게는 외향성, 대인 관계 능력이 필요한 영업직을 맡기는 경향이 있기 때문이다.

우등생처럼 보이는 모습

이런 경향의 시작점은 초등학교 저학년 시절로 거슬러 올라간다. 학교에 갓 입학했을 때 안경잡이들은 보통 아이들과 다르게 인식된다.

우리 연구 팀이 진행한 한 실험에서는 청소년들에게 초등학교 5학년 여학생이 쓴 작문을 읽게 했는데, 안경을 쓴 여학생의 사진과 안경을 쓰지 않은 사진도 같이 보여줬다. 작문은 내용도 좋고 오류도 없으며 글씨도 깔끔했다. 우리는 실험 참여자들에게 어휘, 내용, 글의 구조와 수준 면에서 작문을 평가해달라고 했다. 우리는 전반적으로 글쓴이가 안경을 썼을 때 작문이 더 긍정적으로 평가된다는 사실을 확인했다.

원인을 따지기에 앞서, 이것은 두 가지로 설명할 수 있다. 즉 글쓴이가 더 똑똑하고 성숙하다고 인지됐거나(앞에서 언급했던 전형적인 추정), 안경 때문에 글쓴이를 더 집중해서 봤을 것이다. 그 작문은 원래 잘 쓴 글이기도 하지만 이 때문에 더 좋은 글로 판단했을 가능성이 크다.

다른 상황에서는 안경이 더 심각한 결과를 초래할 수도 있다. 미국 SUNY 오니온타 대학교의 심리학자 마이클 브라운Michael Brown 연구 팀은 폭력 절도 사건에 연루된 피고의 소송 기록을 배심원들에게 보여주었다. 증거 기록만으로는 피고의 유죄를 단정할 수 없는 상황이었다. 배심원들에게 보여준 사진에서 피의자는 안경을 쓰거나 쓰지 않았다.

실험 결과, 피의자가 안경을 썼을 때는 유죄로 판단된 비율이 44%였고 안경이 없을 때는 56%였다. 안경을 쓴 피의자를 더 지적이고 물리적으로 덜 위협적인 사람으로 판단했다는 얘기이니, 안경은 정말 값진 물건이 아닐 수 없다.

그렇다면 일상생활에서 안경을 적극적으로 활용하지 않을 이유가 없다. 안경을 쓰면 여러분이 더 쉽게 다른 사람의 도움을 받을 수 있다는 것을 암시하는 연구는 여럿 있다. 우리 연구 팀은 젊은 남녀에게 조사원 역할을 맡겨, 길거리에서 사람들에게 운동과 섭식에 관한 설문지 작성을 부탁하도록 했다. 남녀 조사원은 안경을 쓸 때도 있었고 쓰지 않을 때도 있었다(두 사람은 시력이 좋았고 안경은 도수가 없었다).

그 결과, 조사원이 안경을 쓰지 않았을 때는 사람들 가운데 36%가 설문지 작성에 응했는데 안경을 쓴 경우에는 이 비율이 48%까지 올라간 것으로 나타났다. 이 모든 사실은 우리가 안경을 쓰면 긍정적이고 미더운 인상을 풍긴다는 것을 뒷받침한다.

또 한 실험에서는 여자 조사원이 행인들에게 일과 일자리에 관한 설문지 작성을 부탁했다. 조사원과 행인이 접촉한 뒤, 근처에서 기다리고 있던 (안경을 쓰지 않은) 남자가 다시 이 행인에게 다가가서 조사원이 신입 사원이라고 설명하며 인상이 어땠느냐고 물어보았다. 조사원은 안경을 썼을 때 더 높은 점수를 받았다.

선글라스는 피하라

지금까지 언급한 안경의 모든 이점은 시력 보정용 안경에만 해당한다. 반대로 선글라스는 사람들의 도움을 감소시키는 것 같다. 예를 들어 길에 소지품을 떨어뜨렸는데 이 사실을 모르는 척했을 때, 소지품 주인이 안경을 쓰고 있으면 행인 가운데 34%가 이것을 알려주지만 안경을 쓰지 않으면 22%, 선글라스를 쓰고 있으면 20%의 사람만 이 사실을 알려주었다. 따라서 만약 모르는 사람과 교류할 일이 있을 경우 이 점을 활용할 수 있다.

우리 연구 팀은 안경을 잘 이용하면 신뢰를 쌓을 수 있다는 사실을 실험으로 밝혀냈다. 실험 장치는 간단했다. 여자가 길에서 사람들에게 다가가 지갑을 잃어버렸다고 하면서 버스비를 부탁했다. 여자는 경우에 따라 선글라스를 쓰거나 쓰지 않았다. 선글라스를 쓴 경우에는 행인에게 말을 걸면서 선글라스를 살짝 내리거나, 그대로 쓰고 있거나, 벗었다.

그 결과, 선글라스를 쓰지 않은 경우에는 사람들 가운데 16%가, 선글라스를 살짝 내린 경우에는 14%가 돈을 준 반면에 행인에게 말을 걸면서 선글라스를 벗은 경우에는 사람들이 도와주는 비율이 24%로 올라가는 것으로 나타났다. 자기를 드러낸다는 것은 어떻게 보면 솔직함의 표시이자 진심으로 대화를 하고 있음을 보여주는 증거가 될 수 있다.

안경에 대한 고정관념이 사람을 바꾼다

어째서 안경은 사람의 자질이 달라 보이게 만들까? 가장 매력적인 대답은 고정관념의 효과다. 지능은 천재적인데 극도로 내향적인 사람을 상상할 때 우리는 안경 쓴 모습을 떠올린다. 그런데 사회심리학 연구들에 따르면, 고정관념은 역으로 개인의 성격 형성에 관여해 종종 고정관념에 우리를 맞춘다는 사실이 확인되었다.

독일 할레 대학교의 심리학자 페터 보르케나우Peter Borkenau는 이런 소급 효과를 보여주는 사례를 제시했다. 그는 평균 만 26세의 피실험자들을 대상으로 성격 검사를 한 뒤 안경을 쓴 사람과 쓰지 않은 사람을 구분해서 검사를 분석해봤다. 그 결과, 실제로 안경을 쓴 사람들은 안경을 쓰지 않은 사람들보다 덜 외향적이고 더 양심적인 경향이 있었으며 다른 성격적 요소, 즉 새로운 경험에 대한 개방성에서 낮은 점수를 받은 것으로 나타났다. 이들은 이 요소가 덜 발달한 것처럼 보였다. 여기서 새로운 경험이란 한번도 시도되지 않은 모험이라든지 전위적인 예술 또는 불법 마약이나 모든 형태의 참신한 것을 의미한다.

이 연구자는 추정 가능한 생물학적 원인들을 제시하지만(약한 시력이 성격의 일부 자질들과 관련됐을 가능성), 한편으로는 사람들이 자신에게 사회적으로 부여되는 역할을 결국 받아들인다는 뜻일 수도 있다. 다시 말해 안경을 쓴 사람들은 약간 보수적이고 양심적이며 내향적이라는 평가를 받기 때문에 이에 상응해 행동을 맞추는 것일지도 모른다. 또 주의할 점은 우월감이다. 미국 뉴멕시코 대학교의 심리학자 메리 해리스Mary Harris의 연구에 따르면, 안경을 쓴 사람들은 그렇지 않은 사람들보다 자기를 더 똑똑하다고 생각한다. 사람들이 자기를 총명하다고 생각하는 것을 보고 자기도 그렇게 믿어버리는 것이다…….

12 | 최적의
앉음새

비스듬히 앉을까, 앞으로 기울여 앉을까? 다리를 꼴까, 펼까,
벌릴까? 앉는 자세를 잘 선택하는 게 좋다. 사람들은 앉은 모습을
보고 성격을 판단하기 때문이다.

이런, 다리를 너무 꼬았네. 그렇다고 다리를 벌리면 자신감이 없어
보여 호감을 주지 못할 텐데…….. 그럼 편안해 보이게 팔걸이에 팔
을 하나 걸쳐야겠다…….

채용 면접을 보는 이 젊은이는 어떤 자세로 앉아야 좋은 인상을
줄지 고민이다. 여러분도 모르기는 마찬가지 아닐까 싶다. 이 장은
그런 사람을 위한 내용이다. 평소에 직장이나 모임에서 자신의 앉
은 자세가 주변 사람들에게 어떤 느낌을 주는지 궁금한 사람도 이
장을 꼭 읽어보기 바란다.

우리는 많은 시간을 앉아서 보낸다. 그 시간 동안 사람들은 우리
를 보면서 무의식적으로 이런저런 판단을 내린다. 또 우리의 몸과

뇌는 특정 자세마다 특별한 감정을 촉발시켜 우리의 기분을 바꾼다. 그렇다면 앉은 자세에는 어떤 규칙이 있고 어떻게 해야 제대로 앉을 수 있을까?

이것을 알아보기 위해 우리는 2014년에 한 실험을 했다. 연구 대상은 만 19세의 젊은 남녀였는데, 이들은 세 가지 자세로 의자에 앉아 사진을 찍었다. 한쪽 무릎을 다른 쪽 무릎 위로 올려 두 다리를 꼬고 앉은 자세, 한쪽 발목을 다른 쪽 무릎 위에 얹어 두 다리를 벌리고 앉은 자세, 두 발을 바닥에 내려놓고 적당히 벌리고 앉은 자세였다.

다리로 드러내는 우리의 마음

관찰자들은 사진 속 인물의 여성미나 남성미, 지배력 수준, 온화함, 대화의 원만성, 소탈함(자기 모습을 있는 그대로 드러내기)을 평가했다. 우리는 여자들이 다리를 꼬거나 꼬지 않고 앉았을 때보다 한쪽 발목을 다른 쪽 무릎 위에 얹어서 두 다리를 벌리고 앉았을 때 더 여성적으로 인식된다는 것을 확인했다. 또 이 자세는 여자들을 더 온화하고 소탈하며 덜 지배적으로 보이게 했다.

남자들은 어떨까? 남자는 다리를 꼬지 않고 앉은 자세가 더 남성적인 느낌을 전달하며, 두 무릎을 포개어 다리를 꼬고 앉은 자세는

124

터놓고 대화할 수 있는 성격으로 해석된다.

의자 팔걸이의 중요성

몇 년 전부터 신경과학과 심리학에서 '구체화(embodiment 또는 incorporation)'라고 불리는 이론이 발전하고 있다. 이것은 우리의 동작이나 자세가 특정 사고나 감정을 우리 안에서 촉발시킨다는 것을 가정한다. 이 이론의 맥락에서 보면, 앉는 방법은 자신에 대한 인식을 바꿀 수 있다. 미국 버펄로 대학교의 심리학자 로라 박Lora Park은 2013년에 이 가정을 시험하기 위해 젊은이들에게 세 가지 자세로 앉게 했다. 첫 번째는 두 무릎을 붙이고 두 손을 허벅지 아래 깔고 앉은 자세, 두 번째는 왼쪽 무릎 위에 오른쪽 발목을 얹어 두 다리를 벌리고 앉은 상태에서 한 손은 의자 팔걸이에 올려놓고 다른 손은 책상 위에 올려놓은 자세, 세 번째는 두 손을 머리 뒤에서 깍지 끼고 두 발은 책상 위에 올려놓은 자세였다.

실험 참여자들은 각 자세를 3분 동안 유지한 뒤 자신이 느낀 권위감과 책임감 정도를 설문지로 평가했다. 그 결과, 피실험자들은 두 번째와 세 번째 자세로 있을 때보다 첫 번째 자세로 있을 때 권위감을 덜 느낀 것으로 드러났다. 두 번째와 세 번째 자세는 소위 개방 또는 확장의 자세로, 공간의 점유, 가시성, 사회적 위상에 대한 생각들을 불러일으키는 것 같다.

또 로라 박은 자세에 내재된 문화적 영향도 관찰했다. 예를 들어 미국 대학생들은 두 손을 각기 팔걸이와 책상에 올려놓고 다리를 꼬고 앉은 자세를 했을 때와 마찬가지로 책상 위에 두 발을 올린 자세에서도 권위감을 느꼈다. 하지만 아시아권 대학생들은 책상 위에 두 발을 올려놓았을 때는 권위감을 덜 느꼈다. 이것은 이들이 내재화한 사회적 규범이 신체를 통해 감정에 영향을 끼쳤음을 의미한다 (동양에서 책상에 두 발을 올리는 자세는 권력자와 함께 있을 때 취할 수 없는 행동이다).

따라서 지배력이나 위세의 느낌은 자세를 통해 바꿀 수 있으며, 자세는 연습할 수 있다. 권위자의 자세를 연습하면 권위자의 관점을 취할 수 있다. 하지만 자세와 관련된 사회적 규범들을 지켜야 한다. 사회적 규범에 의해서도 신체와 정신의 관계가 바뀌기 때문이다.

앉는 자세로 어려움을 이기다

우리가 아랫사람일 때는 어떨까? 어떤 자세들은 이를테면 상사의 비판을 더 잘 견디게 도와줄 수 있다. 만약 여러분이 의자를 뒤로 약간 기울일 수 있다면 주저 없이 그렇게 하길 권한다.

2009년 텍사스 대학교에서 진행한 실험에서, 불쾌한 비판을 들을 때 좌석이 뒤로 기울어져 있으면 부정적인 감정과 연관된 뇌 부위들이 덜 활성화된다는 사실이 밝혀졌기 때문이다. 이 실험에서 신경과학자 에디 하먼존스Eddie Harmon-Jones와 칼리 피터슨Carly Peterson은 대학생들에게 짧은 글을 쓰게 하고 짝이 글을 평가할 예정이라고 알려줬다. 대학생들은 글을 쓴 뒤 의자에 똑바로 앉거나 의자를 약간 뒤로 기울여서 앉았다. 그리고 이어폰으로 자기 글에 대한 평가를 들었는데, 일부러 부정적인 내용으로만 일관한 평가였다. 실험자들은 피실험자들이 평가를 듣는 동안 두피에 붙인 전도체로 이들의 뇌 활성화를 측정했는데, 특히 좌측 전전두엽 피질 즉 뇌의 좌측 앞부분에 주의를 기울였다. 최근 연구들에 따르면 이 부위는, 이를테면 주변 사람들이 우리가 한 일이나 행동에 대해 부정적인 말을 할 때와 같은, 불안하거나 불쾌한 상황에서 활성화되기 때문이다.

뇌파는 어떻게 나타났을까? 부정적 평가를 들었을 때 그 사람의 좌측 전전두엽 피질은 약간 기울인 자세보다 똑바로 앉은 자세에서 더 활성화되었다. 부언하자면, 기울인 자세에서 부정적 평가를 들을 때의 좌측 전전두엽 피질은 똑바른 자세로 긍정적 평가를 들을 때와 비슷한 정도로 활성화된다. 이유는 뭘까? 몸을 뒤로 약간 기울일 때 우리는 걱정스러운 소식을 좀 더 가볍고 느긋하게 받아들이는 것 같다. 말하자면 그 소식이 우리를 가볍게 스쳐 지나가면서 심리적으로 타격을 주지 못한다는 것이다.

불쾌한 경험은 대화자의 자세에서도 영향을 받는다. 만약 여러분의 상사가 지배적 자세(두 다리를 벌리고 두 팔도 벌려 의자 팔걸이에 걸친 상태로 등은 의자 등받이에 똑바로 기댄 자세)로 여러분을 질책하면, 그가 순종적 자세(두 다리를 붙이고 두 손을 허벅지 위에 겹쳐놓은 상태로 상체를 약간 기울인 자세)를 취했을 때보다 심리적으로 더 괴롭다. 캐나다 토론토 대학교의 심리학자 바네사 본스Vanessa Bohns와 미국 캘리포니아 대학교의 스콧 윌터무스Scott Wiltermuth에 따르면, 표준검사(사지에 압박 가하기)로 측정된 고통의 임계점은 순종적 자세를 취한 상대에게 비난을 들을 때보다 지배적 자세를 취한 상대에게 비난을 들을 때 더 낮았다. 게다가 스트레스 테스트로 측정된 그들의 근력도 감소했다.

앉은 자세, 호르몬, 스트레스

이러한 결과들에 비춰봤을 때 자세가 스트레스에도 긍정적이든 부정적이든 영향을 준다고 생각할 수 있다. 실제로 컬럼비아 대학교의 심리학자 데이나 카니Dana Carney는 지원자들에게 몇 분간 특정한 자세를 취하게 해 코르티솔(스트레스 호르몬)과 테스토스테론(종종 지배력에 관여하는 호르몬) 농도를 측정해봤다. 한 자세는 미국에서 높

은 권위와 연결되는 자세(탁자 위에 두 발을 올리고 등을 뒤로 기댄 채 두 손으로 목덜미를 받친 자세)였고, 다른 자세는 낮은 권위와 연결되는 자세(의자에 똑바로 앉아 두 팔을 몸에 붙이고 두 다리도 붙인 자세)였다.

데이나 카니가 확인한 결과, 높은 권위의 자세는 낮은 권위의 자세와 비교했을 때 테스토스테론 농도를 증가시키고 코르티솔의 농도를 감소시켰다. 게다가 지배적 자세는 도박에서 높은 위험 부담 형태로 표출됐으며(위험한 선택을 한 비율이 86%. 똑바로 앉은 경우에는 이 비율이 60%), 이 자세를 취한 사람들은 자기가 권력자가 된 느낌이었다고 진술했다. 최근 무분별하게 위험한 투자를 해서 사회적 물의를 일으켰던 주식 투자자들은 혹시 잘못된 자세로 앉았던 게 아닐까?

직장에서의 일과가 끝나면 의자와 이별이라고 생각할지도 모르겠다. 하지만 그건 착각이다……. 여러분 중 많은 사람이 차를 운전해서 집으로 돌아간다. 다시 이 대목에서 앉음새가 여러분을 속일 수 있다. MIT 소속 연구자로, 앉은 자세가 우리에게 미치는 효과를 연구하고 있는 앤디 얍Andy Yap은 대학생들에게 기록이 좋으면 돈을 벌 수 있는 자동차 경주 비디오 게임을 하게 했다. 운전자들은 경주로를 돌면서 도로상에 있는 장애물들을 피해야 했고, 만약 장애물과 충돌하면 10초 기다린 뒤 다시 출발해야 했다.

난폭 운전자는 팔을 뻗는다

이 연구 팀은 실험장치에 중요한 요소를 추가했다. 모의 자동차 실험은 특정한 방식으로 조정돼 있었다. 한 경우는 좌석에 앉은 운전자가 팔을 쭉 뻗어야 운전대를 잡을 수 있고 페달도 다리를 뻗어야 밟을 수 있게 돼 있었으며, 다른 경우는 운전대와 페달이 약간 낮았고 이것들을 조작하려면 운전자가 팔다리를 구부려야 했다.

첫 번째 경우 운전자들이 취한 자세는 '확장적' 자세였고 두 번째 경우는 '수축적' 자세였다. 경주 결과는 자세 유형에 따라 완전히 달랐다. 운전자들은 수축적 자세에서보다 확장적 자세에서 확연히 더 빠른 속도로 운전했고, 장애물에 더 많이 충돌했으며, 충돌한 뒤 기다려야 한다는 지시를 덜 지켰다.

이것을 어떻게 해석해야 좋을까? 앞서 언급했다시피 확장적 자세는 권력의 느낌을 촉진한다. 그리고 권위적 느낌에 사로잡힌 사람들은 특히 운전 규칙을 포함해 사회적 규칙에 덜 얽매일 가능성이 크다. 이들은 이를테면 장애물과 충돌할 경우 10초 기다렸다가 출발해야 한다는 제약 같은 것들을 지키지 않는 경향이 더 강할 수 있다는 뜻이다.

이 가설을 확인하기 위해 모든 참여자는 경주가 끝난 뒤, 자기가 느꼈던 권력감의 정도를 설문지로 평가했다. 그랬더니 팔다리를 구부려야 했던 조건에서보다 펴야 했던 조건에서 점수가 더 높게 나왔다.

모의 자동차 실험의 연구 결과에 흥미를 느낀 얍 연구 팀은 시내에서 이중 주차로 교통을 방해하고 있는 차들을 조사했다. 그리고 차 설계도를 바탕으로 운전자와 운전대 사이 여유 공간을 측정했다. 이렇게 확인해보니, 운전자 좌석 주변 공간이 가장 넓은 차가 이중 주차를 평균적으로 가장 많이 한 것으로 밝혀졌다.

사륜구동 자동차의 운전자 심리학

지금까지 소개한 과학적 결과들은 상당히 실용적이다. 예를 들어 여러분이 교통 규칙을 자주 무시하는 운전자의 차를 타야 한다면, 몰래 운전자석을 낮추고 페달에 가까이 밀어놓으면 좋다. 그러면 운전자는 저도 모르게 교통 표지판에 좀 더 신경 쓸 가능성이 크다. 혹시 운전자가 좌석을 다시 뒤로 밀까 걱정되면 운전자석과 뒷좌석 사이에 큰 가방을 끼워놓으면 된다.

최근 심리학자들은 운전자의 좌석 위치가 위험 운전과 통계적인 연관성이 있지 않을까 의심하고 있다. 교통 규칙을 잘 지키는 모범 운전자도 차를 대형 SUV로 바꾸면 도로에서 운전 습관이 변할 수 있다. 난폭 운전자에게 법적으로 소형차만 몰게 하는 날이 언젠가 오지 않을까?

13 | 악수가 말해주는 것

강한 악수는 외향성, 약한 악수는 소심함의 표현이다. 악수의 지속 시간과 위아래로 흔드는 행동에도 상대방에 대한 정보가 들어 있다.

우리는 왜 악수를 할까? 원래 이 관습은 싸울 뜻이 없음을 보여주기 위한 수단이었던 것 같다. 예를 들면 로마 군인들은 소매 속에 단도를 숨기고 있지 않다는 것을 보여주려고 서로 팔목을 잡았다. 오늘날에는 소매 속에 단도를 감출 일이 거의 없는데도 이 관습은 여전히 살아 있다.

사소해 보이는 이 관습이 우리에게 대해 말해주는 것은 무엇일까? 우리는 기운 없고 축축한 악수가 그다지 좋은 인상을 주지 못할 것임을 직관적으로 느낀다. 심리학자들은 이 단순한 신체 접촉이 큰 힘을 발휘한다고 단언한다. 악수는 성격을 부분적으로 드러낼 뿐 아니라 다른 사람들과 의사소통을 하고 더 나아가 이들에게 영향을 끼치는 데도 이용된다. 그러니 정치인들이 악수를 좋아하는 것은 당연하다.

그렇다고 정치인들만 악수를 좋아하는 것은 아니다. 이들에게서 열렬한 악수를 받는 일반인들도 대개는 꽤 즐거워하는 눈치다. 마찬가지로 배우나 가수의 팬들도 자기가 숭배하는 사람의 손을 운 좋게 잡으면 까무러칠 듯이 기뻐한다. 일상적인 상황에서는 악수가 이보다 덜 반갑겠지만, 그래도 중요하다.

지켜야 할 사회규범

일리노이 대학교의 샌더 돌코스Sanda Dolcos 연구 팀은 피실험자들에게, 컴퓨터로 합성한 두 인물이 먼저 악수를 하고 나서 대화를 하는 모습과 악수 없이 곧장 대화하는 모습을 짧은 영상으로 보여 주었다. 실험 참여자들은 악수를 한 경우 인물들 간의 신뢰와 관심이 더 크다고 평가했다.

한편 악수의 관습은 타인과 관계를 맺고 상대를 기분 좋게 만드는 데도 도움이 된다. 그러니 성공하고 싶다면 악수는 무시해서는 안될 수단이며, 의사가 환자를 맞는 상황 같은 특정한 맥락에서는 대단히 중요하다. 한 예로 노스웨스턴 대학교의 그레고리 매쿨Gregory Makoul 연구 팀이 진행한 조사에 따르면, 거의 80%에 이르는 환자가 의사와 인사할 때 악수를 하고 싶어 했다. 의사가 환자를 맞는 모습을 찍은 영상을 바탕으로 연구 팀은 환자들의 이 기대가 83%까지 충족된다는 사실을 확인했다.

악수는 당신이 어떤 사람인지 말해준다

악수의 또 다른 이점은, 악수를 하면 상대방이 우리를 더 양심적인 사람으로 생각한다는 것이다. 이것은 오리건 주립대학교의 프랭크 베르니에리Frank Bernieri와 크리스틴 페티Kristen Petty가 밝혀낸 사실이다. 그리고 이 관습을 지키지 않은 사람들에 대해서는 다른 정보가 주어진다.

사실 모두가 같은 방식으로 악수를 하지는 않아서, 이 차이가 부분적으로 우리의 인상을 결정짓는다. 한 예로 스웨덴 린셰핑 대학교의 얀 오스트룀Jan Åström은 성격이 지배적이고 공격적일수록 악수도 힘이 넘친다는 사실을 확인했다. 그는 또 성에 따른 차이도 관찰했다. 지배적인 남자일수록 악수가 더 다정한 느낌을 줬는데, 여자들의 경우는 달랐다.

이런 식의 연구에서 연구자들은 종종 평가자 집단에 악수를 세부적으로 평가하게 한다. 이를테면 악수의 강도라든지, 축축함, 지속 시간, 눈맞춤이 수반되는지 여부를 물은 것이다. 이 여러 요소(예를 들어 힘, 활기, 지속 시간 등)는 서로 상관관계를 맺기 때문에 연구자들은 평균 점수로 이것을 총합해서 악수의 '내구성'을 수량화한다.

미국 앨라배마 대학교의 윌리엄 채플린William Chaplin 연구 팀이 적용한 방법이 바로 이것이다. 이 연구자들은 '전문 평가자' 4명을 모아 실험 참여자 112명과 악수를 하게 한 뒤 이들의 인상을 평가하게 했다. 이와 병행해서 실험 참여자들도 자신의 성격에 대한 설문지를 작성했다.

같은 인물에 대한 평가자들의 견해는 거의 다르지 않았는데, 이 사실은 악수의 항구성을 보여주는 동시에 훈련받은 관찰자는 악수를 통해 성격의 일부 자질을 알아낼 수 있다는 것을 시사한다. 또 남자는 새로운 경험에 개방적일수록 더 강하게 악수하고 여자는 오히려 그 반대라는 사실도 이 실험을 통해 밝혀졌다. 또 하나 확인된 사실은, 외향적인 사람일수록 더 강하게 악수했다는 점이다. 그런데 평가자들은 외향성을 특히 높이 평가했고, 이것이 실험 참여자들에 대한 인상에도 영향을 끼쳤다.

반면에 주저하는 듯한 악수는 무기력하다고 판단돼 좋은 인상을 주지 못했다. 만약 여러분이 여기에 해당한다면 악수를 연습하는 게 좋겠다. 아이오와 대학교의 그레그 스튜어트Greg Stewart 연구 팀의 연구 결과에 따르면, 악수는 채용 면접에 영향을 주기 때문이다. 이 연구에서 실험 참여자들은 성격 검사를 받고 전문 평가자들에 의해 악수 점수가 매겨진 뒤 인력자원 전문가들과 면담을 했다. 인력자원 전문가들은 이들의 취업 지원자로서의 능력을 평가했다.

그 결과, 각 평가자에게 가장 높은 평가를 받은 악수의 주인들이 채용 담당자들에게서도 가장 능력 있는 사람으로 평가받은 것으로 밝혀졌다. 더 구체적으로 설명하면, 악수에 힘이 있고 적절한 눈맞춤이 동반될 때 더 좋은 판단을 받았다. 채용 담당자들은 이런 악수를 외향성의 표시로 해석하는 것으로 짐작되는데, 외향성은 설득력과 사교성에 연결되기 때문에 이들이 직업 세계에서 높은 가치를 부여하는 성격 자질이다. 실제로 여러 과학 연구에 따르면, 외향적인 사람이 채용 면접에서 더 많이 성공한다.

이와 같은 성격과 악수의 관계는 마치 사인처럼 악수도 고정돼 있다는 의미일까? 전혀 그렇지 않다. 우리는 무의식적으로 상대와 상황에 따라 악수를 계속 조정한다. 미국 해버퍼드 대학의 제니퍼 휴어Jennifer Huwer는 수백 건에 이르는 악수 사진을 찍었다. 실험 참여자들은 악수하면서 위로, 축하, 인사 등의 다양한 목적을 상상해야 했다. 악수하는 사람과의 친밀도도 가까운 친구에서부터 모르는 사람이나 거의 중요하지 않은 사람과의 단순한 관계까지 다양하게 가정됐다. 역시 이 실험에서도 악수를 과학적으로 정밀하게 평가했다. 즉 악수를 나누는 지속 시간, 위아래로 흔드는 횟수, 손을 감싸는 정도(예를 들어 어떤 사람은 상대방의 손가락만 잡고 어떤 사람은 손바닥 전체를 잡는다)를 측정했다.

악수 사전

제니퍼 휴어의 첫 번째 결론은, 악수할 때 여자들이 남자들보다 손을 더 많이 흔들고 상대가 여자일 경우에는 더 그런다는 것이었다. 다시 말해 여자가 여자와 악수할 경우에는 60%가 위아래로 여러 차례 손을 흔들지만 여자가 남자와 악수할 경우에는 23%만 그렇게 했다.

휴어는 성에 따른 차이 외에 목적에 따른 차이도 발견했다. 누군가를 축하하기 위해서는 손을 잡고 여러 차례 위아래로 흔들지만, 인사할 때는 한 번만 흔들었고, 불행한 일을 당한 사람을 위로할 때는 전혀 흔들지 않았다. 그 대신 위로할 때는 손바닥을 세로로 감싼 채 훨씬 오랫동안 힘을 주어 악수했다. 시간상 축하의 악수가 그다음으로 길었고, 인사와 감사의 악수는 둘 다 평균적으로 1초만 걸렸다. 또 두 사람이 친밀할수록 악수 시간이 길어졌다.

제니퍼 휴어에 따르면, 이러한 편차는 악수가 단지 사회적 규범이나 관습이 아닌 진정한 의사소통 수단임을 보여주는 징표다. 악수는 그것이 가진 특징들을 통해 우리의 감정은 물론이고 상대방과의 관계까지 드러낸다. 따라서 전문가는 악수에 대한 분석만으로 두 사람의 친밀도와 상황에 대해 정보를 추론할 수 있다.

다른 사람을 조종하는 수단

악수의 목적이 항상 순수하지는 않다. 악수가 다른 사람을 조종하는 데도 쓰일 수 있기 때문이다.

우리 연구 팀은 한 실험에서 프랑스 브르타뉴의 한 도시에서 아동 단체의 젊은 여자 자원봉사자들에게 집집마다 방문해서 기부금을 요청하게 했다. 거주자가 문을 열어주면 자원봉사자는 미소를 지으면서, 한 경우에는 먼저 악수를 하고 다른 경우에는 악수를 하지 않은 채, 자기 신분을 밝히고 단체에 대해 소개했다. 그런 다음 아프리카 아동을 위해 활동비 1유로를 기부해줄 것을 부탁했다.

실험 결과는 뚜렷하게 나뉘었다. 사람들이 자원봉사자와 악수를 한 경우에는 95% 이상이 기부했고, 그렇지 않은 경우에는 겨우 53%만 기부했다.

악수의 힘은 어디에서 나오는 것일까? 부분적으로는 악수를 통한 신체 접촉에서 비롯된다. 실제로 누군가에게 요청할 때 그 사람의 팔을 살짝 건드리면 요청을 들어주는 경우가 더 많다는 사실이 많은 연구를 통해 밝혀졌다. 돈을 빌리거나 행인에게 여론조사를 부탁할 때 써볼 만한 요령이 아닐까 싶다. 또 심리학자들에 따르면, 가벼운 신체 접촉은 상대방에 대한 신뢰감도 높여준다.

물론 이것만으로 악수를 설명할 수는 없다. 사회규범을 지킨다는 사실만으로도 사람들은 기분이 좋아진다. 모르는 사람을 만났을 때 일단 악수를 하면 관계를 형성하기에 좋은 조건이 마련되는 셈이다. 물론 인사 관습이 다른 문화는 예외다. 악수 대신 가볍게 고개를 숙이며 인사하는 문화도 있으니까.

14 | 목소리 사용법

저음의 남자 목소리는 매력적이다. 말하는 속도가 느리면 나이 들어
보인다. 빠르게 말하면 설득력이 있다. 그러니 말하는 내용뿐 아니라
목소리와 말투에도 신경 쓰자!

선거철이 되면 여러 후보자를 놓고 고심하기 마련이다. 이 사람의
공약은 예산 부족을 심화시키지 않을까? 저 사람이 제안하는 대책
들은 사회적으로 충격이 클 것 같은데? 그런데 이런 객관적 추론 이
상으로 결정에 영향을 주는 뜻밖의 변수가 있다. 그것은 바로 우리
의 비위를 맞추고 있는 후보자들의 목소리다. 실제로 심리학 실험
들은 목소리에 사람들의 마음을 홀리는 힘이 있다는 것을 보여준
다. 정치에 있어서든 사랑에 있어서든······.

한 예로 마이애미 대학교의 케이시 클로프스타드Casey Klofstad는
실험 참여자들이 "여러분, 11월에 저에게 투표해주십시오" 하고 말
하는 소리를 녹음해서 고음과 저음으로 처리했다. 다른 실험 참여

자들은 이 녹음을 듣고 투표할 사람을 결정했다. 그 결과, 이 가상의 후보자들은 목소리가 저음으로 처리됐을 때 더 강인하고 능력 있는 사람으로 판단됐고, 따라서 이들에게 투표하겠다는 사람이 더 많았다.

투표 의사는 투표함에서 표현된다. 2012년 미국의 상·하원 선거 뒤에 진행된 케이시 클로프스타드의 두 번째 연구는 목소리가 저음이면 선거에서 이길 확률이 더 높다는 사실을 밝혀냈다. 하지만 여성에 대해서는 미묘한 차이가 있었다. 남녀를 불문하고 정치인이 여자 후보자와 맞설 때는 역설적으로 목소리가 고음인 정치인이 승리하는 경우가 더 많았기 때문이다. 케이시 클로프스타드는 저음의 정치인들은 더 공격적으로 인식되고, 이 공격성이 여성 앞에서 부적절해 보이기 때문일 것으로 추측한다. 만약 도널드 트럼프 Donald Trump가 더 낮은 옥타브로 말했더라면 힐러리 클린턴Hillary Clinton과의 대결이 다른 식으로 흘러갔을 가능성도 없지 않다.

하지만 마거릿 대처Margaret Thatcher의 경우에는 선거에서 여성과 대결할 가능성이 크지 않았고, 그래서 어쩌면 목소리를 저음으로 내는 연습을 했을지도 모른다. 그녀가 1959년 영국 하원에 입성했을 때 여성 하원의원은 4%에 지나지 않았기 때문이다.

목소리는 나이를 비롯한 다른 정보도 전달하기 때문에 목소리에 신경 쓰면 그만큼 도움이 된다. 스웨덴 예블레 대학교의 사라 발레르Sara Waller 연구 팀은 말하는 속도가 빠를수록 더 젊은 사람으로 인식된다는 사실을 알아냈다. 이것은 나이가 들면 말하는 속도가 느려진다는 연구 결과와도 모순되지 않는 관찰이다.

더 놀라운 사실은, 목소리에 근거해서 나이를 판단할 때 감정도 영향을 준다는 점이다. 일본 아오야마가쿠인 대학교의 시게노 스미 Shigeno Sumi는 만 24세에서 75세 사이 배우들에게 "정말? 못 믿겠는 걸"이라는 문장을 세 가지 유형의 감정, 즉 무감정, 행복, 슬픔을 가장해서 녹음하게 했다. 이어서 실험 참여자들이 녹음을 듣고 이들의 나이를 추측했다. 이렇게 실험한 결과, 배우들이 슬픈 어조로 말했을 때 실제 나이보다 더 늙게 인식되고 어조가 즐거웠을 때는 더 젊게 인식되는 것으로 나타났다.

따라서 고등학생이 클럽에 들어가고 싶을 때는 느리고 슬픈 말투를 쓰면 유리할 것이다. 반대로 몇 년 뒤 채용 면접에서 자신의 능력을 피력하고 싶을 때는 거꾸로 하면 된다. 미국 서던캘리포니아 대학교의 노먼 밀러Norman Miller 연구 팀이 발견한 바에 따르면, 말하는 속도가 빠를수록 설득력이 커지기 때문이다.

이 연구에서 실험 참여자들은 카페인의 위험성에 대한 400자의 짧은 구두 발언을 들었는데, 한 경우는 녹음 재생 속도가 1분에 195단어(일상 대화 속도)였고 다른 경우는 1분에 102단어(상당히 느린 속도)였다.

빨리 말하면 설득력이 강해진다

실험 결과, 말하는 속도가 빠를수록 전달하는 내용이 더 설득력 있게 받아들여지는 것으로 나타났다. 1단계에서 10단계까지 평가에서 실험 참여자들은 말하는 속도가 빠를 때 평균 6.13점을 준 데 반해 속도가 느릴 때는 5.44점을 줬다. 즉 빠르게 말하는 경우 신뢰도가 13% 증가한 것이다. 게다가 실험 참여자들은 빠르게 말하면 말하는 사람이 주제를 더 능숙하게 다룬다고 판단했다. 연구자들에 따르면, 메시지를 이해하는 데 필요한 집중력이 높아졌기 때문에 이런 결과가 나왔을 가능성이 있다.

실제로 우리가 정보를 처리하기 위해 인식적인 노력을 더 많이 기울일수록 그 정보에 더 강하게 설득당한다는 사실은 이미 많은 연구를 통해 입증됐다.

물론 이 실험에서 말의 속도는 일상적인 한계를 넘지 않았다. 대화자가 대답할 새도 없이 빠르게 말하는 것은 적절하지 않으며, 그런 경우 오히려 역효과가 날 위험이 있다.

그렇다면 이성을 유혹할 때는 어떤 식으로 말해야 할까? 예상대로 남자들의 경우에는 저음이 최고다. 미국 피츠버그 대학교의 데이비드 푸츠David Puts는 만 18세에서 25세 사이 남자들에게 가상으로 여자에게 데이트 신청을 하는 것처럼 말하게 하고 이것을 녹음했는데, 특별히 자기소개도 곁들이게 했다. 이어서 이 녹음을 같은 나이의 젊은 여자들에게 들려주면서, 단기적 관계(하룻밤을 같이 보낼 상대)나 장기적 관계를 맺고 싶은 마음이 어느 정도인지 물어봤다. 여성 실험 참여자들은 두 경우 모두 목소리가 저음일수록 더 흥미를 보였다. 저음의 목소리가 매력적이라는 것은 사실로 판명됐다. 왜냐하면 바리톤 목소리의 남자들은 그렇지 않은 남자들보다 과거에 성관계 경험이 더 많았기 때문이다.

이 여자들이 저음의 목소리를 좋아한다면 그 이유는 저음의 목소리에 건장한 남자의 모습을 연결하기 때문일까? 그런 것 같다. 네덜란드 라이던 대학교의 사라 콜린스Sarah Collins는 만 18세에서 30세 사이 여자들에게 남자들의 녹음 목소리를 들려줬다. 그런 뒤 목소리에 근거해서 목소리 주인공의 모습을 상상하게 했다. 실험 참여자들은 저음의 목소리에 대해 아널드 슈워제네거Arnold Schwarzenegger와 숀 코너리Sean Connery를 합친 듯한 남자를 연상했다. 다시 말해 이들은 저음의 소유자들이 신체적으로 더 매력적이고 체격도 좋으며 근육질에다 털까지 많을 것이라고 추측했다.

이 여자들에게는 안 된 일이지만, 이것은 착각이다. 추가로 분석해본 결과, 사실상 남자의 목소리 자질(높이, 음폭)과 신체적 특징 사이에는 특별한 상관관계가 나타나지 않았다. 새의 깃털과 울음소리는 정확히 일치하지 않고, 근육질 남자가 목소리는 가느다랄 수도 있다는 얘기다.

하지만 동물들은 덩치가 클수록 울음소리가 저음인 경우가 많기 때문에 앞선 가정이 터무니없는 것만은 아니다. 실제로 덩치가 큰 동물들의 성대는 길고 두꺼워 저주파를 내기에 유리하다. 하지만 인간은 남자의 후두(성대가 들어 있는 기관) 크기가 체격과 직접 연관되는 것 같지 않다.

그런데도 이 주제는 여전히 논의의 여지가 있어, 유혹적인 목소리와 목소리 소유자의 신체에서 연관성을 발견하는 연구들도 있다. 한 예로 미국 뉴욕에 있는 바사 대학의 수전 휴스Susan Hughes가 밝혀낸 바에 따르면, 남성의 목소리는 남자가 허리둘레보다 상대적으로 어깨가 넓은, 다시 말해 운동선수 같은 어깨를 지녔을 때 더 매력적으로 판단된다. 이 평가 작업은 당연히 녹음된 음성에 근거해서 이뤄졌고, 실험에 참여한 여자들은 남자들의 신체를 보지 못했으며, 평가와 남자들의 신체적 특징 간 비교 작업은 귀납적으로 실행됐다. 연구자는 또 설문지를 통해 이상적인 목소리의 남자들이 성관계 경험이 더 많고 성관계를 더 일찍 시작했다는 사실도 확인했다.

여자들의 경우에는 남자들이 매력적인 목소리라고 판단했던 여자일수록 허리(심리학자들에게는 잘 알려진 여성미의 기준)에 비해 둔부가 상대적으로 컸고 성관계 경험도 더 많았다. 이런 체형은 일반적으로 임신에 유리하다. 따라서 이 사실은 우리가 목소리 속에서 번식 능력의 단서를 감지해낸다는 것을 의미할 수 있겠다.

왜 어떤 목소리들은 유혹적일까

하지만 진화적 관점에서 보면, 목소리로 신체를 짐작한다는 주장은 별로 설득력이 없다. 일반적으로 우리는 상대방을 보고 나서 행동에 들어가며, 상대의 외모는 눈으로 쉽게 확인되기 때문이다. 따라서 우리에게 매력적인 목소리를 발견하게 만드는 것은, 분명 더 깊이 숨어 있는 다른 어떤 것이다.

여자들의 경우에는 이것이 눈에 보이지 않는 생식 능력의 표시일 가능성이 있다. 실제로 남자들이 고음의 여자 목소리를 선호하는 경향이 있다는 사실을 입증한 연구는 많다. 캘리포니아 대학교의 그레고리 브라이언트Gregory Bryant와 마티 해절턴Martie Haselton은 여성이 가임주기일 때 호르몬의 변화로 인해 음성의 진동수가 올라간다는 사실을 밝혀냈다. 그래서 남자들은 무의식적으로 생식능력

과 높은 음색을 연결시키는지도 모른다.

남자들의 경우 지배력은 여자를 유혹하는 문제와 종종 관련해서 연구된다. 지배력은 집단에서 존재를 인정받고 높은 사회적 지위를 획득하는 능력이다.

한 예로 미국 조지아 주립대학교의 제임스 댑스James Dabbs와 앨리슨 몰링어Allison Mallinger는 남자들이 (혈액이나 침에서 측정된) 테스토스테론의 비율이 높을수록 목소리가 저음이라는 사실을 밝혀냈다. 이 호르몬은 성장 과정에서 성대의 두께와 길이에 영향을 준다고 알려져 있기에 특별히 새로운 얘기는 아니다. 하지만 여기에서 흥

확인해보세요!

목소리가 알려주는 정보는 다음 표와 같이 요약할 수 있다. 유능함, 강인함, 설득력, 성적 매력 등은 음색과 말의 속도에 따라 다르게 인식된다.

	저음	고음	느림	빠름
유능함	+	-		
강인함	+	-		
설득력			-	+
나이			더 늙어 보임	더 젊어 보임
남성적 매력	+	-		
여성적 매력	-	+		

미로운 대목은, 테스토스테론의 비율이 높은 남자일수록 더 지배적인 행동을 한다는 사실이 확인됐다는 것이다(단, 최근 연구들이 시사하는 바에 따르면, 이 물질은 다양한 방면에 영향을 끼치고 어떤 경우에는 이타성을 촉진하기도 한다).

당연한 얘기지만 이 실험 결과는 음색이 우리를 무조건 사랑에 빠지게 만든다는 것을 의미하기보다, 진화가 미묘한 선호를 형성해 우리의 선택에 영향을 준다는 것을 의미한다. 하지만 진화가 우리의 선택을 완전히 결정짓는다는 말은 아니다. 저음에 대한 여자들의 선호는 선조로부터 내려오는 장치가 작동해 지배적인 남자들을 찾아내는 데 이용되는 것일지도 모른다. 사실상 지배적인 남자들은 자손을 보호하고 먹을 것을 확보해 이들의 생존을 더 확실하게 보장해줄 수 있었다.

미국 심리학자 데이비드 푸츠가 두 번째 연구에서 얻어낸 실험 결과들도 마찬가지로 이런 진화론적 관점에서 설명될 수 있다. 그는 남자들의 목소리를 반음 낮게 녹음한 결과, 이 목소리가 단기적 관계와 가임주기 여성에게만 더 매력적으로 판단된다는 사실을 확인했다.

요약하면, 남자가 여자를 유혹하고 싶을 때 모든 변수를 숙달하기 어려운 경우엔 목소리만이라도 저음으로 바꾸면 도움이 된다. 그리고 빠른 속도로 말하면 여자를 더 잘 설득할 수 있다. 마지막으로, 이것이 효과 있는지는 여자의 목소리에서 감지할 수 있다. 애버

딘 대학교의 폴 프라카로Paul Fraccaro 연구 팀이 확인한 바에 따르면, 여자들은 마음에 드는 남자 앞에서 더 높은 음색으로 말하기 때문이나. 이것을 과연 낭만적이라고 해야 할까?

15 | 색깔로
말하는 옷

누군가를 유혹하고 싶은가? 호감을 표현하면서 성적 매력을
돋보이고 싶다면 옷 색깔을 잘 골라야 한다.

침대 위에 옷을 늘어놨는데 참 난감하네. 마침내 그 사람이랑 약속
했는데, 어떤 옷을 입어야 강렬한 인상을 줄까? 목선이 깊게 파인 이
옷을 입을까? 어깨가 넓어 보이게 하는 이 상의를 입을까?

어쨌든 의외의 변수 하나가 여러분에게 작은 도움을 주지 않을
까 싶다. 그것은 바로 색깔이다. 과학자들에 따르면, 어떤 색깔을 보
여주느냐에 따라 사람들은 상대를 달리 인식하고 그래서 상대를 향
한 태도를 바꾸기 때문이다.

당연한 얘기지만, 서구 사회에서 빨간색은 여자가 남자를 유혹
하기 위한 최고의 색깔이다. 뉴욕 로체스터 대학교의 다니엘라 니
스타 카이저Daniela Niesta Kayser 연구 팀은 여자가 빨간색 옷을 입었을

때 남자들이 더 강한 매력을 느낀다는 사실을 입증했다. 첫 번째 실험에서 실험 참여자들은 한 여자의 사진을 보고 나서, 미리 준비된 질문 목록을 이용해 그 여자와 인터넷으로 대화해야 했다. 질문 내용은 가벼운 것도 있었고("고향이 어디예요?") 사적인 것도 있었다("남자가 당신의 주의를 끌려면 어떻게 해야 하나요?"). 실험의 핵심은 컴퓨터로 상대 여자의 옷을 빨간색이나 초록색으로 보정한 것이었다. 이렇게 한 결과, 남자들은 여자의 옷이 빨간색일 때 더 사적인 질문을 하는 것으로 나타났다.

연구자들은 두 번째 실험에서도 마찬가지로 실험 참여자들에게 여자 사진을 보여줬는데, 여자는 빨간색 블라우스와 파란색 블라우스를 입었고, 첫 번째 실험과 다르게 이번에는 이들에게 그 여자와 직접 만날 거라고 얘기했다. 실험자는 의자가 두 개 놓인 방으로 남자를 데려가 여자가 그중 한 의자에 앉을 거라고 알려줬다. 그러고 나서 여자를 데리러 간다는 핑계로 피실험자를 방에 혼자 두고 나가면서, 의자들을 서로 마주 보게 배치해달라고 했다. 그 결과, 남자들은 여자가 파란색 블라우스를 입은 사진을 봤을 때보다 빨간색 블라우스를 입은 사진을 봤을 때 여자의 의자를 자기와 더 가깝게 배치했다(빨간색은 평균 1.57미터, 파란색은 평균 1.83미터).

남자들이 여자들보다 빨간색에 더 강하게 끌린다는 사실을 확인한 연구들도 있다. 예를 들어 우리 연구 팀은 여자가 길에서 차를 잡을 때 빨간색 티셔츠를 입으면 남자 운전자들이 차를 세우는 빈도가 더 높아진다는 사실을 밝혀냈다. 티셔츠가 빨간색일 경우에는 남자 운전자 가운데 거의 21%가 차를 세우는 데 반해 다른 색, 즉 검은색, 파란색, 흰색, 초록색일 경우에는 12%에서 15%만 차를 세웠다. 반면에 여자 운전자들이 차를 세우는 비율에는 여자가 입은 티셔츠의 색깔이 전혀 영향을 끼치지 않았다. 또 한 예로, 빨간색 옷을 입은 젊은 여자가 바닥에 물건을 떨어뜨리면 남자들이 여자에게 그 사실을 알려주는 빈도가 더 높았다.

일반적으로 남자들은 자기가 도와줬다고 여자가 곧장 자기 품에 안길 거라고 기대하지는 않는다. 하지만 여러 연구에 따르면, 남자들이 빨간색에서 성적 암시를 받는 것은 분명하다. 로체스터 대학교의 애덤 파즈다Adam Pazda 연구 팀은 여자가 흰색 블라우스를 입었을 때보다 빨간색 블라우스를 입었을 때 남자들이 성적 매력을 더 강하게 느끼는 것을 관찰했다. 파란색, 흰색, 초록색과 비교해 빨간색은 남자들에게 젊은 여자가 첫 만남에서부터 곧바로 성관계를 수락할 거라고 생각하게 만든다는 것이 다른 연구들을 통해 밝혀졌다.

색깔에 대한 오해는 없다

여자들도 빨간색이 갖는 성적 표지로서의 가치를 잘 안다. 앞의 연구팀이 진행한 다른 실험에서, 여자들은 특히 빨간색 옷을 입은 여자들이 성에 대한 관심이 더 많다고 평가했다. 또 다른 연구는 여자들이 흰색이나 초록색 옷을 입은 여자보다 빨간색 옷을 입은 여자가 바람기가 더 많다고 인식하고 있음을 입증했다. 마지막으로, 온라인 데이트 사이트를 분석한 한 연구에 따르면, 순수하게 성적인 목적만 표방했을 경우 여자들은 자기 사진에 빨간색 옷차림을 선호하는 것으로 나타났다.

요컨대 색깔에서는 남녀 사이에 오해할 일이 없다는 얘기다. 즉 남자와 여자는 같은 생각을 하고 있어 빨간색은 양쪽 모두에게 시간을 아낄 수 있게 해준다. 그런데 무슨 이유로 빨간색이 남자들을 파리처럼 꼬이게 하는 것일까? 두말할 것 없이 이것은 오래전부터 내려온 진화적 유산이다. 실제로 빨간색은 동물들의 경우 생식 능력의 중요한 표지다. 예를 들어 많은 원숭이 종의 암컷은 배란기 때 생식기를 빨갛게 부풀려 성적 수용성을 표시한다. 따라서 빨간색에 대한 끌림은 우리 선조들에 의해 선택되어 현대 남자들에게까지 지속된 것이다. 여자들 역시 조상이 물려준 이 유산에 영향을 받는 것으로 보인다. 캐나다 브리티시컬럼비아 대학교의 앨릭 벨Alec Beall과 제시카 트레이시Jessica Tracy의 연구에 따르면, 호르몬 주기에서 가임기 여자들은 빨간색이나 장미색 옷을 훨씬 자주 입는다.

생식 능력과 빨간색의 결합이 초래하는 필연적 결과로서, 빨간색이 갖는 성적 표지로서 가치는 폐경기에 접어든 여자들에게는 유효하지 않다. 한 예로 독일 도르트문트 대학교의 사샤 슈바르츠Sacha

Schwarz와 부퍼탈 대학교의 마리 싱어Marie Singer에 따르면, 남자들은 만 23세의 젊은 여자들이 빨간색 옷을 입으면 흰색 옷을 입었을 때보다 더 매력적으로 느끼지만 50대 여자들에 대해서는 옷 색깔이 이들의 판단에 아무런 영향도 주지 않는다.

우리의 먼 남자 조상들은 생식기의 일부를 빨갛게 해서 성적 수용성을 표시하는 습관이 없었다. 그렇다면 남자들의 진홍색 스웨터나 셔츠는 여자들의 마음을 흔들지 않는다는 뜻일까? 그렇지 않다. 여자들도 빨간색을 좋아하는데, 이유가 다르다.

로체스터 대학교의 앤드루 엘리엇Andrew Elliot 연구 팀은 컴퓨터로 보정한 사진을 이용해, 여자들이 초록색 티셔츠를 입은 남자보다 빨간색 티셔츠를 입은 남자에게 성적인 매력을 더 강하게 느낀다는 사실을 밝혀냈다. 1(전혀 매력적이지 않다)에서 9(매우 매력적이다)까지 매력 단계에서 빨간색 티셔츠는 평균 6.3을 받았고 초록색 티셔츠는 5.5를 받았다. 이 연구자들은 또 여자들에게 이 남자와 성관계를 갖는 데 흥미를 느끼는지를 1(별로 관심 없다)에서 9(매우 관심 있다)까지 단계로 물었다. 그 결과, 빨간색 옷을 입은 남자는 4.14를 얻은 데 반해 동일한 남자가 초록색 옷을 입었을 때는 2.95를 얻었다. 즉 티셔츠의 변화만으로 흥미가 40%나 상승한 것이다. 이와 반대로 같은 사진을 남자들이 평가했을 때는 색깔의 효과가 전혀 관찰되지 않았다.

지배적인 수컷은 빨간색을

빨간색이 여자들을 유혹한다면 그것은 아마도 지배력과 관련이 있을 것이다. 지배력은 여성의 판단에 유리한 영향을 끼치는 것으로 알려진 자질이다. 이 연관성도 우리의 진화적 기원에서 비롯된 것인데, 수많은 동물 종에서 이것이 발견되기 때문이다. 예를 들어 개코원숭이 집단의 수컷 우두머리는 부하들보다 주둥이 색깔이 더 빨갛다. 사회적 학습은 이 현상을 강화했을 것이고, 빨간색은 수천 년 동안 전 대륙에서 권력과 연관되었을 것이다. 한 예로 로마 제국 시대 도시국가들에서는 최고 권세가들을 코치나티(빨간색 옷을 입은 이들)라고 불렀다.

빨간색과 지배력의 연관성을 확인하기 위해 더럼 대학교의 러셀 힐Russell Hill과 로버트 바턴Robert Barton은 레슬링이나 태권도 같은 격투기 시합과 축구 시합의 결과들을 분석했다. 이들이 세운 가정은 빨간색 경기복을 입은 선수들이 더 많이 이긴다는 것이었다. 이 선수들은 자기가 더 지배력이 있다고 느껴 투지를 더 강하게 드러내고, 상대 선수들은 이들에게 더 우월한 위상을 부여해 이들을 함부로 대하지 못할 가능성이 있다는 것이 그 근거였다. 연구자들이 관찰한 것은 정확히 이 가정과 부합했다. 통계 결과에 따르면, 빨간색 경기복은 검은색을 포함해 다른 색깔의 경기복을 입은 선수들을 곤경에 몰아넣었다. 다시 말해 시합을 혼전 양상으로 몰고 갔다. 평상

시 입는 경기복 색깔을 빨간색으로 바꾸기만 해도 그 축구 팀은 시합에서 더 많이 이겼다. 이것은 2016년 유럽 축구 선수권 대회 결승전에서 포르투갈이 프랑스에 승리한 것에 대한 보충 설명이 될 수 있지 않을까?

그렇다고 해도 투지와 과도한 공격성을 혼동하면 안 된다. 미국 코넬 대학교의 마크 프랭크Mark Frank와 토머스 길로비치Thomas Gilovich가 입증한 바에 따르면, 공격성과 관련해서도 옷 색깔은 사람들의 인식에 영향을 끼친다. 이들은 축구 시합 녹화 영상을 컴퓨터로 보정해서, 같은 팀의 경기복을 하나는 검은색으로 또 하나는 다른 색으로 바꿨다. 그런 뒤 반칙 판정을 내리기 모호한 특정 장면을 전문 심판들에게 보여주고 의견을 물었다. 심판들은 경기복이 검은색으로 칠해졌을 때 선수들에게 더 엄격했다. 연구자들은 문화적으로 검은색과 공격성이 서로 연계되었기 때문에 이런 현상이 생기는 것으로 본다. 영화에서 악인들이 종종 검은색 옷을 입는 것은 단지 우연이 아니다.

따라서 다정하고 느긋해 보이려면 검은색을 피하는 게 좋다. 더구나 이 색깔은 사람들의 인식에 영향을 끼치는 것으로 끝나지 않는다. 이것은 여러분을 실제로 더 공격적으로 만들 수 있다. 마크 프랭크와 토머스 길로비치는 다른 연구에서 실험 참여자들에게 검은색 셔츠와 흰색 셔츠를 나눠준 뒤 편을 나눠 싸우는 14종의 게임 목록을 제시했는데, 그중에는 공격적인 게임도 있고 그렇지 않은 게임

파란색을 입기에는 너무 추운 날씨야

따뜻한 색이 우리 몸을 따뜻하게 해줄 수 있을까? 두 명의 일본인 연구자가 밝혀낸 바에 따르면, 추울 때는 따뜻한 색을 선호하고 더 울 때는 차가운 색을 선호한다. 이 연구자들은 여자들 가운데 일부 는 얼굴에 차가운 바람을 쐬고 일부는 따뜻한 물에 몸을 담그고 있게 한 뒤 옷 색깔을 선택하게 했다. 첫 번째 경우의 여자들은 따 뜻한 색(특히 빨간색)을 더 많이 선택했고, 두 번째 경우의 여자들은 차가운 색(파란색, 초록색 등)을 더 많이 선택했다.

도 있었다. 이들은 이 가운데 5종을 골라 게임을 하도록 했다. 그런 데 검은색 셔츠를 입은 피실험자들은 흰색 셔츠를 입은 피실험자들 보다 더 공격적인 게임을 골랐다.

더 날씬해 보이게 만드는 색깔은…

애인을 만나러 나갈 때 그래도 여전히 까만 드레스나 블라우스 를 입고 싶다고? 검은색 옷을 입으면 날씬해 보인다는 말이 인터넷 사이트 등에 많이 나돌지만 천만의 말씀이다. 우리 연구 팀은 이 정 보가 틀리다는 것을 실험으로 입증했다. 우리는 약 500명에 이르는 실험 참여자에게 색깔만 다른 동일한 옷을 입은 여자의 사진을 보여겼다. 그랬더니 이들 가운데 대다수는 흰색 옷을 입었을 때 더 날씬하다고 생각했다.

이성을 유혹하고 싶다면 검은색보다 빨간색 옷을 입는 편이 더 효과적이다. 내 마음에 꼭 맞는 연인을 찾아 나설 생각이라면 빨간색 옷을 조준할 경우 성공 확률이 높다. 그러나 신중해야 한다. 사람마다 취향이 다르고 유행도 변하며 온도(앞 글상자 참조)를 비롯한 다른 많은 변수가 여기에 개입하기 때문이다. 만약 술집에서 여러분 건너편에 앉아 있는 여인이 빨간색 옷을 입고 있다면 혹시 옷을 입을 때 추웠을지도 모른다…….

16 | 넥타이
효과

넥타이는 행동에 어떤 영향을 줄까? 이성을 유혹하려면 밝은색
옷이 좋을까, 어두운색 옷이 좋을까? 최근 심리학자들은 의복을
학문적으로 연구하기 시작했다. 의복과 관련된 궁금증은
무궁무진하다.

은행가, 변호사, 관리자는 넥타이를 맨다. 영향력 있는 지위나 직업
에서는 넥타이를 매는 것이 관행이다. 넥타이는 왜 매는 걸까? 이제
보겠지만, 의복을 이루는 각각의 요소는 종종 고정관념이 수반되는
암묵적 규범을 통해 사람들의 행동을 조종한다. 비록 여기에 순응
하지 않는 반항아도 있긴 하지만, 이 기존 규범들은 집단적 전형으
로 확고히 자리 잡고 있어 실제로는 무너뜨리기 대단히 어렵다는
것이 실험을 통해 밝혀지고 있다. 자칫 실수나 허튼짓을 하지 않으
려면 이 규범을 잘 알아야 한다.

양복 입은 도둑

의복과 관련된 실험들은 의외로 상당히 재미있다. 한 예로, 프랑스 반 지역에 있는 영향력기술연구소의 우리 연구 팀은 음반 가게에서 절도와 관련된 모의실험을 했다. 절도범은 연구 팀의 일원으로, 한 경우에는 청바지와 운동화 차림이었고 다른 경우에는 양복에 넥타이 차림이었다. 우리의 연출에 따라 절도범은 선반 앞의 한 손님 옆으로 가서 그 사람에게 양해를 구하며 팔을 뻗어 음반 하나를 집은 뒤 셔츠 속에 숨겼다. 손님이 그 모습을 똑똑히 봤다는 것은 감시 카메라로 확인할 수 있었다. 절도범은 그런 뒤 다른 선반으로 갔다. 그 자리에서 멀지 않은 곳에 보안 직원이 있었는데, 그는 진행 중인 실험에 대해 미리 귀띔을 받아 아무것도 모르는 척했다. 우리는 보안 직원에게 그 절도 행위를 알려준 사람들의 수를 셌다. 실험 결과, 범인이 청바지를 입은 경우에는 사람들 가운데 35%가 보안 직원에게 절도에 관해 알려줬는데 양복에 넥타이를 하고 있을 때는 11%였다!

또 한 실험에서는 절도범이 음반을 훔친 뒤 목격자 근처에 머물러 있게 했다. 이 경우에도 범죄 행위를 목격한 손님이 절도범을 지목한 빈도는 절도범이 허술한 차림일 때가 그렇지 않은 때의 세 배였다.

양복과 넥타이가 사람들 눈에 과연 좀도둑질할 복장으로 보일까?

이 실험 결과를 어떻게 설명할 수 있을까? 복장에 근거해서 사람의 품성을 규정하는 고정관념은 실제로 존재하는 것 같다. 이 해석에 따르면, 우리는 양복과 넥타이 차림의 절도범을 상상하기 어렵기에 절도를 목격한 사람은 이 행위를 이해하지 못한다. 그래서 이것을 자신의 관찰에 의거하지 않고 다른 식으로 설명하려고 한다. 이 사고 행위는 인식 작업을 추가로 하게 만들어 적절한 반응을 방해한다. 청바지와 운동화 차림의 '전형적' 절도범의 경우에는 상황이 분명하다. 그래서 추가로 더 생각할 필요가 없어 곧바로 행동에 돌입할 수 있다.

이 실험에서 문제 인물의 겉모습과 행동에 너무 괴리가 있다고 반박하는 사람도 있을 수 있다. 즉 좀 더 평범한 상황에서는 복장이 덜 중요한 역할을 한다고 생각할 수 있다는 얘기다. 미국 노스다코타 대학교의 심리학자 마빈 부스카Marvin Bouska와 퍼트리샤 비티Patricia Beatty는 사람들로 북적대는 길 한복판에서 실험자 두 명이

1.5미터가량 떨어져 대화를 나누게 했다. 경우에 따라 두 사람은 회사 간부처럼 옷을 입거나(양복과 넥타이) 편한 복장을 했다(청바지와 티셔츠). 연구 팀은 얼마나 많은 행인이 두 사람 사이를 지나가는지 관찰했다. 둘 사이를 지나간다는 것은, 이들이 대화하고 있다는 사실을 무시하거나 보지 못한 척했음을 의미한다.

이 연구가 밝혀낸 바에 따르면, 행인들은 사회적 지위가 높은 사람들의 대화 영역을 더 많이 비켜서 갔다. 다시 말해 두 사람 사이를 지나가지 않고 우회했다. 요약하면, 사람들은 높은 사회적 지위의 표지를 드러낸 경우에는 이들을 방해하지 않았고, 허술한 옷을 입고 있을 때는 길거리가 그런 식의 대화 장소가 아니라는 것을 보여주었다. 걸인을 대하는 태도에도 복장이 영향을 줄까? 그렇다. 알래스카 대학교의 심리학자 크리스 클라인크는 옷을 잘 차려입은 남녀(남자는 양복과 넥타이, 여자는 투피스와 비싼 구두)가 거리에서 돈을 구걸하면 그렇지 않을 때보다 돈을 더 많이 번다는 사실을 밝혀냈다.

사람들의 이런 행동을 설명할 방법은 상황의 이례성밖에 없다. 크리스 클라인크에 따르면, 옷을 멀끔하게 입은 사람이 돈을 구걸하는 것은 '틀림없이 지갑을 분실했거나 도난당했을 것'이라는 (아마도 무의식적인) 가정 때문에 더 정당해 보인다. 반면에 걸인 같아 보이는 사람이 돈을 구걸하면 사람들은 '저러니 거지로 살지'라거나 '돈을 주면 계속 저렇게 살 거야'라고 생각한다.

사회적 지위를 보여주는 표지로서 복장에 대한 연구는 상당히 많은데, 이 연구들에 따르면 고상한 옷을 입은 사람이 대체로 유리하다. 예를 들어 사람들은 옷을 잘 차려입은 사람에게 자리를 더 많이 비켜주고, 서류나 돈을 떨어뜨렸을 때 더 기꺼이 도와주며, 운전자들은 횡단보도에서 더 자주 차를 멈춰준다……. 넥타이는 싸지만 이득이 많다.

양복과 넥타이는 사람들에게 깊은 인상을 준다거나, 함부로 대하면 안 되는 사람의 권력을 표시하는 것이라고 주장하는 연구자들도 있다. 사실 이 설명은 사람들이 더 폭넓은 연상을 하며 자발적으로 행동하지도 않는다는 뜻이다. 아이들을 이용해 진행한 한 실험이 그 증거다. 뉴욕 메리마운트맨해튼 대학의 심리학자 라이던 솔로몬Lidan Solomon 연구 팀은 만 9세 남자아이에게 길을 잃은 척 연기하게 했다. 아이는 중립적인 복장의 조건에서는 청바지와 지퍼 달린 웃옷을 입었고, 소위 상류층 복장의 조건에서는 고급 면바지와 웃옷을 입었다. 아이는 길을 잃은 척하면서 부모에게 전화를 걸어달라고 행인들에게 부탁했다. 그리고 사람들이 물어보면, 엄마를 따라 시장에 왔는데 헤어지게 됐다고 얘기했다. 아이는 겁을 집어먹은 듯이 행동하면서 집 전화번호가 적힌 종이를 보여줬다. 실험 결과, 아이가 고급 면바지와 웃옷을 입었을 때는 행인 가운데 73%가 부모에게 전화를 걸어줬는데 중립적인 복장을 했을 때는 47%에 그쳤다. 아이와 관련해서는 사회적 위상이 중요하지 않고 사람들이 무조건 도와줄 것으로 예상했지만 전혀 그렇지 않았다. 이와 같은 행동의 차이가 생기는 이유는 아직 명확히 밝혀지지 않았다.

채용 면접에 갈 때 꼭 선택해야 하는 색이 있을까? 아이오와 주립대학교의 메리 린 댐호스트Mary Lynn Damhorst와 텍사스 대학교의 앤 피네어리드Ann Pinaire-Reed는 면접관들에게 사진에 근거해서 남녀 취업 지원자들을 평가해달라고 했다. 지원자들은 어두운색 옷을 입거나 밝고 화려한 옷을 입었다. 심리학자들이 확인한 바에 따르면, 여자 면접관들은 밝거나 화려한 색조의 옷을 입은 여자 지원자들을 더 우호적으로 평가한 반면에 남자 면접관들은 짙은색 옷을 입은 여자 지원자들을 더 우호적으로 평가했다. 어두운색 옷을 입은 남자들은 모든 경우에서 가장 좋은 평가를 받았다.

성공적인 면접 복장

이 실험 결과는 남자와 여자가 색깔에 부여하는 의미에 근거해서 설명될 수 있다. 이 연구자들에 따르면, 면접관을 포함해 여자들은 남자들에 비해 지원자의 독립적 자질을 더 가치 있게 여긴다. 이 때문에 덜 인습적인 복장에 더 강하게 끌리는 것으로 보인다. 이와 반대로 남자들은 일과 사업의 세계와 관련해서는 권위에 더 많은 비중을 둔다. 이들은 어두운 색깔을 권력의 상징으로 인식해 그런 옷을 입은 사람을 선호하는 것으로 보인다.

영국 포츠머스 대학교의 심리학자 알데르트 브리지Aldert Vrij는 검은색 셔츠를 입은 피의자가 더 공격적으로 인식되고, 검은색 셔츠를 입은 용의자가 더 빈번하게 유죄로 판정된다는 사실을 밝혀냈다. 그리고 검은색 경기복을 입은 축구 팀이나 하키 팀이 다른 색깔의 경기복을 입은 팀들보다 더 자주 벌칙을 받는다는 사실도 관찰했다. 또 대학생들이 검은색 경기복을 입은 선수들과 흰색 경기복을 입은 선수들의 축구 시합을 봤을 때 전자의 선수들이 더 공격적이고 시합을 더 거칠며 정정당당하지 않게 한다고 판단했다. 그래서 이들에게 벌칙도 더 심하게 줬다.

당연한 얘기지만 제복에는 여러 종류가 있고 그 각각은 행동이나 태도를 특정 방향으로 돌릴 수 있는 힘을 갖고 있다. 한 예를 들면, 미국 워싱턴 가톨릭 대학교의 심리학자 토머스 롱Thomas Long은 한 여자에게 행인들을 인터뷰하게 했는데, 몇몇 가톨릭 교리(이를테면 혼전 성관계), 중독성이 약한 마약 복용, 일반적인 성 문제에 관한 태도를 평가하는 것이었다. 조사원은 자신이 수녀임을 명확하게 밝혔지만 경우에 따라 수녀복을 입거나 입지 않았다. 그런데 수녀복을 입은 경우, 사람들은 가톨릭교회의 태도에 더 순응적이고 중독성약한 마약의 복용에 대해 덜 관용적이며 성적 자유를 통제하려는 의지를 더 강하게 나타냈다. 수녀복은 신자들을 회개하게 만드는데 큰 효과가 있었던 게 틀림없다. 수녀복은 비록 사람들을 수도자로 만들지는 못할지라도 분명히 힘을 지닌다!

소방관이 부탁을 하네? 제복의 효과

제복은 직업이나 권위, 기관을 대표한다. 제복이 없다면 이 부류에 속한 사람들에게 정당성을 부여할 수 없는 경우도 많을 것이다. 반면에 제복의 정당성은 매우 강력해서, 우리에게 요구되는 것이 불합리하거나 기괴하고 권력을 남용하는 상황인 경우에조차 무조건적으로 복종하게 할 수도 있다. 심리학자인 미국 웨버 주립대학교의 브래드 부시먼 Brad Bushman은 행인들을 대상으로 무례하고 엉뚱한 부탁에 대한 반응을 시험해봤다.

첫 번째 실험 협력자(만 23세, 키 178cm, 몸무게 61kg)는 주차요금 미터기 앞에 주차된 차 옆에서 주머니를 뒤지며 동전을 찾는 척했다. 두 번째 실험 협력자(만 47세, 키 180cm, 몸무게 95kg)는 첫 번째 협력자 근처에 있었다. 경우에 따라 두 번째 협력자는 걸인, 회사 간부, 소방관 복장을 했다. 두 번째 협력자는 행인에게 첫 번째 실험 협력자를 가리키면서 "저 사람이 주차요금 미터기 앞에 차를 세웠는데 동전이 없나봐요. 동전 있으면 좀 주시죠" 하고 말했다. 일반적으로 생각하면 지나

호르몬의 힘

지금까지 소개한 모든 정보를 정확히 이해했다면 이제 여러분은 적절한 복장으로 채용 면접을 보러 갈 수 있다! 그런데 불행하게도 사람들이 언제나 완벽하게 객관적이고 합리적인 생각에서 옷을 고르는 것은 아니다. 우리 몸의 화학물질은, 특히 여자들의 화학물질

친 요구다.

그런데도 실험 결과는 실험자가 소방관복을 입고 있을 때는 사람들의 82%, 회사 간부 차림일 때는 50%, 걸인 차림일 때는 44%가 이 요구를 들어준 것으로 나타났다. 소방관 제복을 입은 경우 동전을 주지 않은 사람은 동전이 없다고 미안해한 반면, 다른 두 경우에는 실험자에게 공격적인 태도를 보이는 것이 관찰됐다. 이 실험은 체격이 왜소한 여자(키 150cm, 몸무게 50kg)에 의해서도 재연됐는데 결과는 유사했다. 브래드 부시먼에 따르면, 우리는 제복과 연계된 제도적 상징체계에 너무 길들어 제복 착용자의 요구가 합리적인지 아닌지 분석할 수 없을 만큼 무조건적으로 반응한다.

이것은 스탠리 밀그램도 그의 유명한 실험에서 확인한 사실이다. 이 실험에서 실험 협력자는 흰 가운 차림으로 자신이 권위 있는 과학자임을 환기시키면서, 실험 참여자들에게 치명적일 수도 있는 고통스러운 전기 충격을 상대에게 가하라고 지시했는데, 이들은 실제로 그의 지시를 따랐다.

은 중요한 역할을 한다. 일본 나라 대학교의 김숙희와 히로미 도쿠라Hiromi Tokura는 여자들이 월경 주기의 황체기(배란 이후)에는 두꺼운 옷을 선호하고 여포기(배란 이전)에는 더 얇거나 몸을 더 노출시키는 옷을 선택한다는 사실을 밝혀냈다. 즉 여자들은 임신이 가능한 기간에 몸을 더 드러낸다는 말인데, 진화심리학적으로 해석하면 임신 기회를 극대화하기 위해서다.

색깔 선택이 주변 기온에 영향을 받을 수 있다는 사실을 보여주는 연구도 있다. 한 예로 김숙희와 히토미 도쿠라는 기온이 낮은 방에서는 사람들이 빨간색 같은 따뜻한 색깔을 선택하지만 방의 기온이 올라가면 파란색 같은 차가운 색깔을 선호한다는 사실을 밝혀냈다.

옷은 나를 말해준다

옷 입는 방식을 보고 그 사람에 대해 알 수 있을까? 당연히 나올 만한 질문이다. 메릴랜드 대학교의 심리학자 노마 콤프턴Norma Compton은 여자 대학생들이 입는 옷의 옷감 재질, 미적 효과(단색, 짙은 색, 다색), 색깔을 다량 조사하고 이들의 성격 검사를 하는 한편으로 키, 몸무게, 모발 길이 등을 측정했다. 예상했던 대로, 옷감이나 색깔에 대한 선호와 신체적 변수 사이에는 어떤 연관성도 나타나지 않았다.

그러나 노마 콤프턴이 확인한 바에 따르면, 사교성에 높은 점수를 받은 여학생들은 부드러운 촉감과 높은 채도를 선호했다. 사교성이 가장 뛰어난 여학생들은 부드럽고 관능적이라는 이유로 실크 옷을 좋아했고 화려한 색깔에 매력을 느꼈다. 이와 반대로 여성성과 삶의 만족도 면에서 가장 높은 점수를 받은 여학생들은 촉감과 시각적 측면에서 가장 호감을 준다고 판단되는 이 옷감에 가장 덜 이끌렸다. 노마 콤프턴에 따르면, 이 결과는 기분이 편안한 사람은 옷감의 선택에서 심리적 보상을 찾지 않으며 선호하는 옷감 범위도 협소하다는 사실을 보여준다.

지금까지 살펴봤다시피 옷은 중립적이지 않아 옷 주인에 대한 정보를 전해준다. 즉 그 사람의 성격이라든지 옷을 선택했을 때의 환경에 대해 알려준다. 따라서 옷을 고를 때 신중에 신중을 기해야 한다. 사람을 볼 때 옷은 얼굴 다음으로 시건을 끈다. 옷이 사람들의 판단에 영향을 주고 주변 사람들을 자극하는 것은 당연하다. 사회적 위상은 옷차림에서 드러나는 가장 중요한 측면일 것이다. 한 중국 속담이 이것을 잘 표현한다. "사람은 존경하지 못해도 옷은 존경한다." 하지만 종종 고정관념이나 막연한 해석에서 비롯되는 그 밖의 효과들도 직장에서나 사적 영역에서 중요한 역할을 한다.

17 | 화장의
힘

화장을 하면 아름답고 우아하며 매력적으로 보인다. 건강하고
직업적으로 성공한 사람이라는 인상도 줄 수 있다. 게다가 우리는
화장한 사람을 더 신뢰한다. 최근 화장의 이런 다양한 이점이 매력과
인기에 대한 이론들을 통해 상세히 밝혀지고 있다.

화장품 산업은 오늘날 가장 번창하는 산업에 속한다. 전 세계적으로 수많은 여자가 하루 중 많은 시간을 마스카라, 립스틱, 파운데이션, 컨실러로 화장한 모습으로 지내고 있다. 이런 현상은 남자들에게까지 확대되는 중이다. 물론 이것은 오래전부터 내려오는 관행이 산업화된 것일 뿐, 여자들은 수천 년 전부터 화장을 했다.

화장은 사람의 인상과 매력을 어떻게 조정할까? 몇 년 전부터 아름다운 얼굴을 주제로 심리학 연구들이 진행된 덕분에 화장의 은밀한 역할을 알 수 있게 되었고, 화장이 어떤 인식적 차원에 관여하는지에 관해서도 상세히 이해할 수 있게 되었다.

아름다움은 대칭적인 이목구비, 건강한 혈색과 밀접한 관련이

있다. 이 때문에 주변 사람들에게 긍정적인 인상을 주기 위해 화장은 이 부분에 초점을 맞춘다. 하지만 최근의 과학적 발견에 따르면, 화장은 아름다움과 조형적 매력만 조절하는 것이 아니다. 안정감, 신뢰감, 직업적 성공의 느낌도 좌우한다.

모두가 알다시피 화장은 피부에 윤택을 내고 결점을 감추며 입체감과 화사함을 입힌다. 이렇게 매만진 피부는 더 건강하고 젊어 보인다. 화장한 피부가 사람들에게 더 강한 매력을 발산하는 까닭은 틀림없이 이 때문일 것이다. 스코틀랜드 애버딘 대학교에서, 다양한 여자의 얼굴을 사진으로 찍은 뒤 남자들에게 이들의 피부 표본을 보여주는 실험을 했다. 남자들은 이 중에서 건강하다고 생각되는 피부를 고른 다음, 얼굴 전체를 보고 매력을 평가했다.

좋은 빛깔, 좋은 건강

이 실험 결과, 건강하다고 평가된 피부들은 아름답고 매력적이라고 인식된 얼굴의 피부였다. 따라서 파운데이션을 바르면 주변 사람들에게 더 건강한 인상을 풍긴다. 관능적 매력은 여기에서 비롯되는데, 이것은 다음 소개하는 실험에서 밝혀진 사실이다.

영국 버킹엄서 대학교의 로버트 멀런Robert Mulhern 연구 팀은 남자들에게 화장 정도가 다른 여자들의 얼굴을 보여주고 외적 아름다움을 평가하게 했다. 한 가지 명시할 사실은, 최근 들어 화장을 하는 남자가 늘어나는 추세이긴 하지만 지금까지는 전적으로 여자들을 대상으로 연구가 이뤄졌다는 점이다. 따라서 이 실험에서도 만 31세에서 38세 사이 여자들의 화장한 모습과 화장하지 않은 모습을 사진으로 찍었다. 그리고 두 경우 모두 먼저 세안을 했다.

얼굴만 사진을 찍었으나 어쨌든 머리 모양은 동일했다. 화장은 눈, 입술, 피부 중 한 군데만 화장한 경우, 세 군데 모두 화장한 경우, 전혀 화장하지 않은 경우로 나뉘었다. 남녀 실험 참여자들은 사진을 영상으로 보면서 얼굴의 외적 아름다움을 등급으로 평가했다. 그리고 다섯 종류의 얼굴 모습 가운데 가장 아름답다고 생각되는 얼굴 사진도 선택했다. 평가 결과, 입술과 눈과 피부에 모두 화장을 했을 때 반응이 가장 좋았다. 그리고 매력도는 눈 화장, 피부, 입술 순으로 관찰됐다. 어쨌든 얼굴의 한 군데만 화장해도 아름답다는 인상을 주기에 충분하다.

건강과 수입 그리고 신뢰감

화장은 다른 사람들의 눈에 여자를 더 아름답게 보이도록 하기도 하지만 인격적·사회적 차원의 판단에도 영향을 끼친다. 한 예로 역시 버킹엄셔 대학교의 심리학자 레베카 내시Rebecca Nash는 사람들

이 은연중에 화장한 여자를 그렇지 않은 여자보다 건강하고 믿을
만하며 수입도 많다고 생각한다는 사실을 밝혀냈다.

화장한 사람을 더 믿을 만하고 사교적이라고 생각한다는 사실은
사람들이 대체로 화장한 사람과 더 친밀해지는 이유일 수 있다. 미
국 산호세 대학교의 심리학자 로버트 펠레그리니Robert Pellegrini 연
구 팀은 남자나 여자가 낯선 사람과 대화할 때 그 사람(남녀)이 화
장을 경우 자기 개인 정보를 더 많이 알려 준다는 사실을 밝혀냈
다. 화장은 마음의 봉인을 해제한다! 이것은 전혀 기대하지 않았던
화장의 효과다.

화장과 채용

이 연구들이 믿을 만하다면, 항상 화장을 하는 것이 이득일 것이
다. 그러나 화장이 부작용을 낳는 상황도 있다. 입사지원서에 붙이
는 사진이 그런 경우다.

캘리포니아 대학교 산마르코스 캠퍼스의 다이애나 카일Diana Kyle
과 하이케 말러Heike Mahler는 인력 개발을 전공하는 대학생들에게 관
리직에 지원한 만 40세 여자 사진을 보여줬다. 학생들은 자기소개
서와 자세한 이력서가 포함된 서류에 근거해서 이 사람이 그 직책
을 유능하게 수행할 수 있을지 평가하고 그녀에게 적합한 급여도

추산했다.

　사실상 서류는 동일한 것이었고, 평가자 집단에 따라 여자 지원자의 사진만 화장한 것과 화장하지 않은 것으로 바뀐 것뿐이었다. 실험 결과로 확인된 사실은, 화장하지 않은 사진이 붙은 지원자의 서류가 문제의 직책을 수행하기에 더 유능할 것이라는 인식을 불러일으켰다는 것이다. 또 평가자들은 이 경우에 더 높은 급여를 주고자 했다.

　두 심리학자에 따르면, 이 현상은 사고방식에 영향을 미치는 사회적 고정관념에서 기인한다. 평가자들은 관리직에 사람을 임명하고자 할 때 무의식적으로 약간 남성적인 신체 특징에 끌리는 것으로 보인다. 그런데 화장은 반대 효과를 불러와 지원자를 더 여성스럽게 만든다. 따라서 방금 인용된 사례와 비슷한 경우에는 기본 화장만 하거나 아예 화장을 하지 않는 편이 지원자에게 더 유리할 것이다.

　실제로 진한 화장은 여자들이 전형적으로 맡아왔던 직종에서 유리하게 작용할 수 있다. 같은 심리학 연구 팀이 진행한 또 한 실험에서는 비서직이나 접수계의 경우 화장이 채용 확률을 높여준다는 사실을 확인했다. 따라서 희망 직종에 맞춰 화장을 조절할 필요가 있다.

　화장에 대한 연구가 부족하긴 하지만, 이런 관점에서 보면 분명 화장은 남자들의 직장 생활에 약간 부정적인 효과를 줄 것이다. 어쨌든 이 주제와 관련해서 알려진 유일한 실험에 따르면, 사람들은 화장한 남자에게 지도자로서 자질을 덜 부여한다.

미주리 대학교의 심리학자 매기 매클라핀Maggie McClafin은 16세기 영국 국왕 제임스의 얼굴을 컴퓨터 작업으로 마치 파운데이션을 바른 것처럼 보정했다. 실험 결과, 평가자들은 파운데이션을 바른 조건보다 바르지 않은 조건에서 제임스 국왕에게 지도자로서 자질을 덜 부여했다.

화장은 성격을 반영할까?

화장은 자기 인식에도 깊은 영향을 끼친다. 한 예로 미국 노퍽 대학교의 토머스 캐시Thomas F. Cash는 여자들이 자기 외모에 대해 내리는 판단을 화장 전후로 비교했다. 확인 결과, 여자들은 화장했을 때 자신의 얼굴뿐 아니라 신체와 전체 외모까지 더 매력적이라고 생각했다! 게다가 특히 직장에서의 능력에 더 많은 자신감을 표명했다. 이 연구는 화장품이 아름다움을 배가시키는 것 이상의 역할을 한다는 사실을 보여준다. 다시 말해 사람들은 화장품을 마치 전반적인 자기 인식과 자신감을 지지해주는 심리적 강장제처럼 여길 수도 있다. 이런 관점에서 일부 심리학자들은 화장이 몇 가지 성격 자질을 보여준다고 생각한다.

　버킹엄셔 대학교의 줄리아 로버트슨Julia Robertson 연구 팀은 여자 대학생들을 대상으로 다양한 성격 검사를 하고 화장품 사용과 관련된 설문조사를 했다. 실험 결과, 불안하고 순응적이며 타인의 시선에 종속적인 성격의 사람들은 화장품에 더 자주 그리고 더 강하게 의존하는 것으로 확인됐다. 이와 반대로 사교적 능력에 대해 자신감 있고 감정을 잘 관리하며 자존감이 높은 사람들은 화장품에 덜 의존했다.

　이제 화장의 기본 목적으로 돌아가보자. 그것은 바로 유혹이다. 화장품의 영향은 어느 정도로 구체적이며 유의미할까? 프랑스 반 지역에 있는 정보통신·인지과학연구소에서 우리는 젊은 여성 실험 자원자들의 협조하에 실험을 진행했다. 여자 자원자들은 도심의 인기 있는 술집에 앉아 남자들이 다가와서 말 걸기를 기다렸다. 한 경우는 얼굴에 파운데이션을 바르고 눈과 입술 화장을 했고, 다른 경우는 세안만 했다.

여성 실험 자원자 두 명은 술집에 앉아 남자가 접근할 때까지 잡담을 나누라는 지시를 받았다. 그 근처에서 과학자들은 실험이 시작된 순간부터 남자가 이들에게 말을 붙이는 순간까지 시간을 쟀다. 그 결과, 화장한 조건에서는 남자가 이들에게 접근하는 데 평균 17분이 걸린 반면, 화장을 하지 않은 조건에서는 23분 걸린 것으로 측정됐다. 따라서 화장은 시간을 25% 이상 절약해줬는데, 절대 적다고 할 수 없는 시간이다!

동일한 실험에서 우리는 남자들이 여자들에게 더 빨리 접근하기도 하지만 접근하는 수도 더 많다는 것을 확인했다. 화장에는 성적 매력을 발산하는 효과가 있는데, 코넬 대학교 마이클 린Michael Lynn 의 실험에 따르면 남자들만 화장에 호의적으로 반응하기 때문이다. 마이클 린은 식당 여종업원이 화장을 하면 더 많은 팁을 받는데, 이것은 단지 남자 손님의 경우에만 해당한다는 사실을 확인했다.

화장은 남자들의 정신을 흐트러뜨린다

지금까지 살펴봤듯이 화장품은 잘 사용하면 다양한 결과를 얻을 수 있는 대단히 흥미로운 수단이다. 최근 발견된 사실로, 화장은 이타성도 자극한다.

아이오와 대학교의 심리학자 제임스 맥 엘로이James Mc Elroy와 폴라 모로Paula Morrow는 여자의 화장이 남자들에게 어떤 효과를 불러오는지 알아보기 위해, 여자들을 시켜 남자들에게 의학적 목적의 기부를 요청하게 했다. 남자들은 화장한 젊은 여자에게 요청받았을 때 더 많은 액수를 기부했다. 주목할 사실은, 이런 효과를 낳기 위해서는 반드시 남자에게 30cm 정도 접근해야 한다는 것과, 이타성의 효과는 화장에 의해서만 발생하며 얼굴 생김새 자체는 어떤 효과도 낳지 못한다는 것이다.

결국 화장이 겨누는 대상은 남자다. 남자들은 도로에서 차를 잡는 여자를 보면 쉽게 낚인다. 우리 연구 팀은 만 20세에서 22세 사이 여자들에게 화장을 하거나 하지 않은 상태에서, 인기 있는 해수욕장으로 통하는 번잡한 도로 길목에서 차를 잡게 했다(두 실험 조건에서 머리 모양은 같았다). 그랬더니 화장한 여자의 경우에는 운전자 가운데 19%가 차를 멈췄는데 화장하지 않은 여자의 경우에는 15%에 그쳤다. 화장을 하면 차를 잡는 확률이 25%나 올라간다는 얘기다.

이 실험은 화장이 행동에 영향을 끼치는 원리를 더 상세하게 밝혀준다. 시속 90km로 주행할 때는 반응 시간이 극히 짧고 두뇌가 도로에서 펼쳐지는 모든 상황적 요소를 의식적으로 분석할 시간이 없기 때문에, 이 원리는 분명 대단히 빠르게 효과를 발휘하는 자동적이며 무의식적인 현상일 것이다.

어쨌든 남자들은 세심하게 화장한 얼굴을 맞닥뜨리면 깊이 생각하지 않는다. 심지어 지적 능력을 상실하는 경향까지 있는 것 같다. 한 예로 미국 리치먼드 대학교의 심리학자 존 하트넷John Hartnet 연구 팀은 계산 문제, 3차원 공간에서 다각도로 제시되는 물체의 식별, 외국어의 음절 습득 같은 다양한 인지 작업에서, 화장하지 않은 여자보다 화장한 여자 앞에서 남자들의 수행 능력이 현격히 떨어진다는 사실을 밝혀냈다. 이것은 화장의 효과 가운데 가장 흥미로운 점 아닐까 싶다. 즉 화장은 남자의 분석적 사고를 약화시켜 그를 유혹하거나 설득하고 그에게서 호의를 이끌어내는 능력이 있다.

'성의 덫' 이론

화장의 이런 효과들을 어떻게 설명하면 좋을까? 결국은 남성과 여성 사이에서 이루어지는 행동의 저변에 깔려 있는 생각으로 귀착된다. 다시 말해, 성적 매력은 이상적인 번식자를 찾아 유전자를 확산한다는 논리에 의해 결정된다. 알다시피 번식자의 가장 중요한 자질 가운데 하나는 건강이다. 그리고 화장은 건강하다는 느낌을 강화하고, 따라서 얼굴에서 풍기는 매력도 강화한다.

또 화장은 얼굴의 대칭성을 부각시킬 수 있다. 피부색을 바꾸고 한쪽 뺨의 색을 조절해 얼굴의 비대칭성을 화장으로 감추는 것이다. 유전형질을 전달할 수 있는 상대를 찾는 문제와 다시 관련해서, 남자는 얼굴이 대칭을 잘 이루는 여자들을 선호한다. 얼굴의 대칭성은 우수한 유전적 특성, 그중에서도 특히 튼튼한 면역 체계와 관련 있기 때문이다.

화장한 여자는 매우 건강하고, 그래서 강인한 자식을 낳을 수 있다는 느낌을 줄 수 있다. 기저의 이 논리가 수천 년에 걸쳐 남자들에게 대칭적인 얼굴에, 그리고 필연적으로 화장한 얼굴에 민감해지게 만들었을 것이다.

마지막으로, 화장은 신뢰감이 가는 인상을 조성하는 것으로 밝혀졌다. 진화론자들은 이 변수 역시 남자에게 중요하다고 믿는다. 유전적, 신체적 측면에서 자식을 낳기에 이상적인 상대를 찾았다고 해도 남자는 아이가 진짜 자기 자식이라는 확신을 얻고 싶어 한다. 다른 남자의 아이를 키우느라 자신의 자원을 소모하고 있지 않다는 믿음이 필요하다는 얘기다. 실제로 배우자에 대한 신뢰는 가장 중요한 기준임이 분명하다.

물론 화장품의 발달은 인류가 진화론적 영향에서 부분적으로 벗어나 자유로운 선택에 의거해, 그리고 경우에 따라서는 문화적 기준에 의거해 행동하게 된 시기에 시작됐을 것으로 짐작된다. 인류사적으로 봤을 때 이 단절은 최근의 일이어서, 과거에 적당한 상대를 물색할 때 중요한 표지였던 건강, 젊음, 대칭성, 신뢰에 우리는 아직

도 민감하다. 화장품은, 더 분명하게 말하면 화장은 과거에 인간이
진화하는 데 필요불가결했던 이 표지들을 지각하도록 부추기는 속
성이 있는 것처럼 보인다.

참고문헌

01 웃으면 복이 온다!

N. GUÉGUEN & J. FISCHER-LOKOU, ≪Hitchhiker's smiles and receipt of help≫, *Psychological Reports*, vol. 94, 2004, pp. 756-760.

V. B. HINSZ & J. A. TOMHAVE, ≪Smile and (half) the world smiles with you, frown and you frown alone≫, *Personality and Social Psychology Bulletin*, vol. 17, 1991, pp. 586-592.

D. G. WALSH & J. HEWITT, ≪Giving men the come-on : Effect of eye contact and smiling in a bar environment≫, *Perceptual and Motor Skills*, vol. 61, 1985, pp. 873-874.

02 받은 대로 돌려주라: 황금률

R. B. CIALDINI, *Influence*, 5th ed., Allyn & Bacon, 2008.

N. GUÉGUEN and al., ≪Reciprocity rules and compliance to a request : An experimental evaluation in a natural setting≫, *Psychology and Education : An Interdisciplinary Journal*, vol. 40, 2003, pp. 16-19.

J. BURGER and al., ≪Effects of time on the norm of reciprocity≫, *Basic and Applied Social Psychology*, vol. 19, 1997, pp. 91-100.

03 예의, 인간관계의 열쇠

H. S. PARK, ≪The effect of shared cognition on group satisfaction and performance : Politeness and efficiency in group interaction≫, *Communication Research*, vol. 35 (1), 2008, pp. 88-108.

D. HOWARD, ≪The influence of verbal responses to common greetings on compliance behavior : The foot-in-the-mouth effect≫, *Journal of Applied Social Psychology*, vol. 20, pp. 1185-96, 1990.

04 아첨하라, 그러면 얻을 것이다

J. DUNYON and al., ≪Compliments and purchasing behavior in telephone sales interactions≫, *Psychological Reports*, vol. 106, 2010, pp. 27-30.

J. SEITER and al., ≪The effect of generalized compliments, sex of server, and size of dining party on tipping behavior in restaurants≫, *The Journal of Applied Social Psychology*, vol. 40, 2010, pp. 1-12.

G. FU and al., ≪Social grooming in the kindergarten : The emergence of flattery behavior≫, *Developmental Science*, vol. 10, 2007, pp. 255-265.

05 유머와 유혹의 관계

E. BRESSLER & S. BALSHINE, ≪The influence of humor on desirability≫, *Evolution and Human Behavior*, vol. 27, 2004, pp. 29-39.

A. ZIV, *Le sens de l'humour*, Paris, Dunod, 1993.

06 설득의 요령

F. GIRANDOLA, *Psychologie de la persuasion et de l'engagement*, Besancon, Presses universitaires de Franche-Comte, 2003.

07 음악은 어떻게 우리를 조종하는가

R. ENGELS and al., ≪Effect of alcohol references in music on alcohol consumption in public drinking places≫, *The American Journal of Addictions,* vol. 20, 2011, pp. 530-534.

T. GREITEMEYER, ≪Effects of songs with prosocial lyrics on prosocial thoughts, affect, and behavior≫, *Journal of Experimental Social Psychology,* vol. 45, 2009, pp. 86-190.

C. JACOB and al., ≪ "Love is in the air" : Congruency between background music and goods in a flower shop≫, *International Review of Retail, Distribution and Consumer Research,* vol. 19, 2009, pp. 75-79.

08 공포는 설득력이 있을까?

F. GIRANDOLA, ≪Peur et persuasion : présentations des recherches (1953- 1998) et d'une nouvelle lecture≫, *L'annee psychologique,* vol. 100, 2000, pp. 333-376.

D. DOLINDKI & R. NAWRAT, ≪"Fear-then-relief" procedure for producing compliance : Beware when the danger is over≫, *Journal of Experimental Social Psychology,* vol. 34, 1998, pp. 27-50.

I. JANIS & L. MANN, ≪Effectiveness of emotional role-playing in modifying smoking habits and attitudes≫, *Journal of Experimental Research in Personality,* vol. 1, 1965, pp. 84-90.

09 식당에서 우리를 속이는 것들

L. TERRIER et A.-L. Jaquinet, ≪Food-wine pairing suggestions as a risk reduction strategy≫, *Psychological Reports,* vol. 119, 2016, pp. 174-180.

B. WANSINK and al., ≪Descriptive menu labels'effect on sales≫, *The Cornell Hotel and Restaurant Administration Quaterly,* vol. 42, 2001, pp. 68-72.

C. CALDWELL et S. A. Hibbert, ≪Play that one again : the effect of music tempo on consumer behaviour in a restaurant≫, *European Advances in Consumer Research,* vol. 4, 1999, pp. 58-62.

10 냄새는 우리를 이끈다

J. LEHRNER and al., ≪Ambient odors of orange and lavender reduce anxiety and improve mood in a dental office≫, *Physiology & Behavior*, vol. 86, 2005, pp. 92-95.

B. RAUDENBUSH and al., ≪Enhancing athletic performance through the administration of peppermint odor≫, *Journal of Sport & Exercises Psychology*, vol. 23, 2001, pp. 156-160.

M. A. DIEGO and al., ≪Aromatherapy positively affects mood, eeg patterns of alertness and math computations≫, *International Journal of Neuroscience*, vol. 96, 1998, pp. 217-224.

11 안경은 인상을 바꾼다

M. J. BROWN and al., ≪The effects of eyeglasses and race on juror decisions involving a violent crime≫, *American Journal of Forensic Psychology*, vol. 26, 2008, pp. 25-43.

N. GUÉGUEN, ≪Effect of wearing eyeglasses on judgment of socioprofessional group membership attribution≫, *Social Behavior and Personality*, vol. 43, 2015, pp. 661-666.

R. L. TERRY & J. H. KRANTZ, ≪Dimensions of trait attributions associated with eyeglasses, men's facial hair, and women's hair length≫, *Journal of Applied Social Psychology*, vol. 23, 1993, pp. 1757-1769.

12 최적의 앉음새

L. E. PARK and al., ≪Stand tall, but don't put your feet up : Universal and culturally-specific effects of expansive postures on power≫, *Journal of Experimental Social Psychology*, vol. 49, 2013, pp. 965-971.

A. J. YAP and al., ≪The ergonomics of dishonesty : The effect of incidental expansive posture on stealing, cheating and traffic violations≫, *Psychological Science*, vol. 24, 2013, pp. 2281-2289.

V. K. BOHNS & S. S. WILTERMUTH, ≪It hurts when I do this (or you do that) : Posture and pain tolerance≫, *Journal of Experimental Social Psychology*, vol. 48, 2011, pp. 341-345.

13 악수가 말해주는 것

N. GUÉGUEN, ≪Handshaking and compliance with a request : A door-to-door setting≫, *Social Behavior and Personality*, vol. 41, 2013, pp. 1585-1588.

G. L. STEWART and al., ≪Exploring the handshake in employment interviews≫, *Journal of Applied Psychology*, vol. 93, 2008, pp. 1139-1146.

W. F. CHAPLIN and al., ≪Handshaking, gender, personality and first impressions≫, *Journal of Personality and Social Psychology*, vol. 79, 2000, pp. 110-117.

14 목소리 사용법

C. A. KLOFSTAD, ≪Candidate voice pitch influences election outcomes≫, *Political Psychology*, vol. 37, 2016, pp. 725-738.

S. SHIGENO, ≪Speaking with a happy voice makes you sound younger≫, *International Journal of Psychological Studies*, vol. 8, 2016, pp. 71-79.

D. A. PUTS, ≪Mating context and menstrual phase affect women's preferences for male voice pitch≫, *Evolution and Human Behavior*, vol. 6, 2005, pp. 388-397.

S. A. COLLINS, ≪Men's voice and women's choices≫, *Animal Behaviour*, vol. 60, 2000, pp. 773-780.

15 색깔로 말하는 옷

A. T. BEALL & J. L. TRACY, ≪Women are more likely to wear red or pink at peak fertility≫, *Psychological Science*, vol. 24, 2013, pp. 1837-1841.

A. J. ELLIOT et al., ≪Red, rank, and romance in women viewing men≫, *Journal of Experimental Psychology : General*, vol. 139, 2010, pp. 399-417.

S. H. KIM & H. TOKURA, ≪Cloth color preference under the influence of face cooling≫, *Journal of Thermic Biology*, vol. 23, 1998, pp. 335–340.

l6 넥타이 효과

N. GUÉGUEN, *Psychologie de la manipulation et de la soumission*, Paris, Dunod, 2005.

J. Fan et al., *Clothing appearance and fit : Science and technology*, Boca Raton, CRC Press, 2004.

l7 화장의 힘

N. GUÉGUEN, ≪The effects of women's cosmetics on men's courtship behavior≫, *North American Journal of Psychology*, vol. 10 (1), 2008, pp. 221–228.

N. GUÉGUEN, *100 petites expériences de psychologie de la séduction. Pour mieux comprendre tous nos comportements amoureux*, Paris, Dunod, 2007.

R. MULHERN et al., ≪Do cosmetics enhance female caucasian facial attractiveness?≫, *International Journal of Cosmetic Science*, vol. 25, 2003, pp. 199–205.